UTAGE
PRACTICAL
MANUAL
FUNNEL EDITION

UTAGE
実践マニュアル

ファネル編

徳武 輝彦
TOKUTAKE TERUHIKO

つた書房

本書をお読みいただく上での注意点

- 本書に記載した会社名、製品名などは各社の商号、商標、または登録商標です。
- 本書で紹介しているアプリケーション、サービスの内容、価格表記については、2024年12月26日時点での内容になります。
- これらの情報については、予告なく変更される可能性がありますので、あらかじめご了承ください。

はじめに

突然ですが、あなたの年商は自分の希望通りですか？

もしインスタやYouTube、X、アメブロ、Facebookを投稿したり、ライブ、オンラインサミット、広告までやっているのに思ったような成果が出ない…。
過去、大掛かりなプロダクトローンチでかなり売れたり、出版した書籍から問い合わせが来るけどそれだけだと集客が安定しない…。
もし心当たりがあるなら、この『UTAGE実践マニュアル』がお役に立つはずです。

私自身も『UTAGE』を使って、わずか1年で売上が1億円を突破することができました。

私のクライアントさんにも全員、UTAGEを使ってもらっているのですが、わずか14万円の広告費で970万売れたスピ講師、50万円が相場なのに３倍の168万円でも売れるようになった婚活コーチ、元々55万で販売していたのにUTAGEを使ったら165万円でも売れるようになったインスタ塾の先生など皆さんこぞって売上を上げています。
また１回の配信で1,000万超えをする方も珍しくなく、変わったところでいうと、エアコン清掃のフランチャイズ本部の方がUTAGE構築をしてメール配信したところ、１回のオファーで2,200万円を売り上げてしまいました。

なぜ、UTAGEでこれほどの結果が出せると思いますか？

よくこんな勘違いをされます。

「UTAGEってただのオール・イン・ワンツールでしょ？○○システムとメルマガ配信システム使っているから同じことできるっていうことですよね？」と。

しかしUTAGEユーザーなら「そこじゃない」と声を大にして言いたくなると思います。
UTAGEで皆さん売上が上がる本当の理由は「顧客リスト活用スキル」がぐんぐん伸びるからです。

「リスト活用」してない人は、とにかく集客に力を入れがち。
YouTubeやインスタ・TikTok塾に入って頑張りますがファンになった人にしか売れず、ファン化にはとても時間がかかるので結局売上が低迷したり、売上の限界が来ます。

しかし、「リスト活用」が上手な人は、自分の商品の良さをどのように効果的に見込み客に届けて、どのような教育をすれば売れるのか？がわかっています。
UTAGEを使うことで、「効果的な集客導線をつくれば売れる」という考えから「効果的なファネルの組み方をすると売れる」という考えにシフトしていきます。

ファネルとは、漏斗（じょうご）という意味で、「顧客教育」をしてから商品を売る、というビジネススタイルです。
UTAGEを使っていくことで誰でも自然に「ビジネスをファネルで考える」という思考になっていきます。

UTAGEで強いファネルが出来上がると、SNS集客の時間が０秒でも個別相談やセミナーの予約がGoogleカレンダーにポコポコと入り、朝起きたらあなたはその確認作業だけする日々になる、

そんなことも現実のものとなります。

私は元々、通販業界に15年以上いて、とても優秀な商品を持っているけど売れてない零細企業を多く見てきました。しかし共通して言えるのは販売や営業が弱い。

しかし、マーケティングをお手伝いすることで1000個、1万個、10万個と売れることもあります。

そんなことがとても嬉しく、今では良い無形サービスを持っているのにマーケティングが弱くて世に出てない方を応援することが喜びになっています。

本書ではUTAGEの使い方を説明していますが、あなたには「まだまだ客」を「今すぐ客」に変えるコツをUTAGEを通じて身につけて、あなたの商品を待っている人に少しでも早く届けてほしい、そんな思いで書きました。

（つくづく思いますが、あなたの商品と出会うのを本当に待っている人が大勢います！）

また、本書の読者の皆さまには、

- 具体的過ぎて書けなかったクライアントの成功事例
- 動画での操作解説
- 1年で1億円を突破した秘密のファネル構成

などの特典もご用意しました。

そちらもぜひお読みいただき、リスト活用スキルをさらに高めていただきたいです。

この本が、あなたのビジネスにとって転機となり、さらなる成功への一歩を踏み出すための助けとなることを願っています。

ワンウェビナーファネル®開発者　徳武 輝彦

CONTENTS

CHAPTER 1

UTAGEとは？

CHAPTER
2

UTAGEの初期設定と決済の設定

CHAPTER 3

マーケティングフローを理解する

CHAPTER

4

LPを作成する

CHAPTER 5

Meta広告に出稿する

CHAPTER 6

パートナーの設定

あなたの売上UPに役立つ

書籍購入者限定！
シークレット6大特典

特典1
14万の広告費で売上970万、単価を3倍、4倍にしても売れた秘密の方法の大公開動画
UTAGEを使って驚異的な売上を作っているクライアントの生の数字を見せながら手法を解説します。

特典2
UTAGEで1年で億を稼ぐためのロードマップ解説動画
私が実際にゼロから1年で億超えした方法をわかりやすく解説しています。

特典3
コピペで使える！秘密の億超えファネルテンプレート
私が現役で使っていて特別なクライアントさんにしか渡してないUTAGEファネルをそのままお渡しします。共有リンクをそのままプレゼント。

特典4
秘密の億超えファネルテンプレート使い方シークレット解説動画
UTAGEのファネルテンプレートの効果的な使い方を動画でわかり易く解説。ライバルを抜いてロケットスタートしてください。

特典5
60分後に個別相談／セミナーが予約されるUTAGEステップ配信のベストプラクティス解説動画
LINE・メルマガ登録されてからわずか60分後に予約獲得できてしまうUTAGEでのステップメール・LINEステップの組み方を公開。

特典6
今日から使える！公式マニュアルには載ってないUTAGE操作パーフェクトマスター
文字だけではどうしても伝えにくかった操作方法を動画でやさしく解説。UTAGE未経験者も経験者もまずコレを見てください。

このQRコードを読み取って特典を受け取ってください

こちらのURLからも飛べます
https://ballet-life-design.com/box/utage-book

※特典は予告なく終了する場合があります。予めご了承ください。

CHAPTER
1

UTAGEとは？

1

SECTION

今、UTAGEに乗り換える人が増えている

UTAGEは、集客、教育、販売、決済、提供までを自動でラクに構築できるシステムです。バラバラにツールを使うより安く、使いやすいため多くの起業家が乗り換えています。

UTAGEとは？

UTAGEは、LP作成、メール配信、LINE配信、決済、会員サイト、アフィリエイトシステムなどを一元管理できるオールインワンシステムです。コーチやカウンセラー、セラピスト、コンサルタントなど主に高単価の無形サービスを販売している個人起業家に適しており、売上を最大化しつつ圧倒的な時間とコストが削減できるのが特徴です。実際に、筆者もUTAGEを使ってからは売上が毎月7桁を割ることは一度もなくなり、単月1000万円以上の売上を作ることも珍しくなくなってきました。

この便利なツールを使えば、あなたのビジネスも加速するはず。未来のお客様の幸せを増やすために、自動化出来るところは全部UTAGEに任せ、売上を安定させていきましょう。

●UTAGEが選ばれる理由

これまで日本の個人起業家がビジネスを効率化するためにオールインワンツールを使おうとしたら、海外のシステムに頼るしかありませんでした。しかし、これらのツールは英語対応が基本であり、日本人のビジネス感覚や習慣に合わない部分が多く、不便さが課題でした。そんな不便さを解消したのが、このUTAGE。UTAGEは日本人が日本人のために作ったツールで、使いやすさやサポート対応を重視しているため、多くの起業家が信頼を寄せています。

UTAGEはどうして作られた？

開発者のいずみゆう氏によると、UTAGEは個人起業家が直面する複数のビジネスツールを使う煩雑さを解消するために開発されたそうです。

これまでは、LP作成、メール配信、決済管理、会員サイト構築など、個々の業務に対して異なるツールを使う必要があり、時間やコストの大きな負担がありました。UTAGEはこれらのプロセスを一元化し、自動化することで、特にコーチやコンサルタントなど無形サービスを提供する個人起業家がビジネスに専念し、売上の最大化を狙える環境が手に入るように作られています。

ビジネスに必要なすべてが揃っている

UTAGEには、１つでビジネス活動に必要なLP作成、メール配信、LINE配信、会員サイト、決済、顧客管理機能のすべてが入っており、一連の流れが自動化できます。一例として、よく使用する機能を簡単に紹介します。

ファネル機能

顧客獲得から教育、販売、商品提供までのプロセスすべてを一元化し、自動化する機能です。

見込み客に登録ページからサンクスページを見せる、メールとLINE登録をしてもらう、ステップ配信を自動的に送り予約ページから予約や決済を促す、決済後に自動で領収書を送り会員サイトを開放するという一連の顧客の流れをすべて管理できるのが特徴です。

●LP（ランディングページ）作成機能

UTAGEでは、メルマガ登録やLINE登録ページ、いわゆるオプトインページを簡単に作成できます。テンプレートが用意されているので、内容を書き換えるだけでOK。10分足らずで見た目の良いヘッダー、特典コーナー、プロフィールコーナーがついたLPを作ることができます。

●メール・LINE配信

見込み客がメールやLINEに登録すると、その都度メールやLINEメッセージを顧客ごとに配信するステップ機能が搭載されています。分岐機能があるため顧客のステージに合わせた配信ができます。

●SMS配信機能

高い開封率、到達率が魅力の携帯番号を使用したショートメッセージ（SMS）が送信できる機能です。

従量課金制ですが、イベントのリマインドなど、絶対に届けたいメッセージがある場合に効果的です。

●予約システム機能

個別相談やセミナーの予約受け付け、リマインド配信が簡単にできます。Googleカレンダーと連携して複数の担当者の空き時間が自動抽出されるので、顧客に最適な時間を予約してもらえます。また、Zoom連携することで、自動的に参加リンクを発行することも可能です。

●分析機能

LPの登録率、メルマガの開封率、クリック率など各種分析機能が揃っています。

またラベル機能を使うことで読者がどんなアクションをしたか分析することもできます。

●決済システム機能

　Stripe（ストライプ）、UnivaPay（ユニヴァペイ）など複数のクレジット決済会社と連携ができます。また「オート銀振機能」を利用することで、銀行振込の自動消込（入金消込におけるプロセスを手作業なしで実行する仕組み）が可能となり、手動で入金確認をする手間も省けます。

●領収書、請求書の自動発行機能

　商品サービスを販売した際、クレジット決済なら領収書、銀行振込なら請求書を自動で発行することができるので、忙しい起業家の時間を大幅に短縮できます。

●会員サイト機能

　TEACHABLE（ティーチャブル）、THINKIFIC（シンキフィック）など海外の有名会員サイト顔負けのシンプルで多機能な会員サイトが誰でも簡単に作れます。

　特定のユーザーに対して限定したコンテンツを見せるといった設定も可能です。

●アフィリエイト機能

　あなたの商品をアフィリエイトしてもらうプログラムが簡単に管理・運営できます。他者の力を借りて集客を促進できます。

UTAGEを使うメリット

●圧倒的に作業時間が減る

　UTAGEは、ビジネス運営におけるさまざまな業務を効率化するために設計されています。これまで複数のツールやシステムを使っていた作業を一つのツールで管理できるため、いちいち別々の管理画面に入って作業したりデータを見比べたりする時間と労力が大幅に削減されます。

またテンプレートも豊富ですし、搭載されているAIを活用してメール原稿を作ってもらうこともできます。ゼロから作ることが減るので無駄な手間が省け、ビジネスをスムーズに進められます。

●直感的で簡単。操作にも迷わない

こういったシステムは操作が難しく使いにくいことも多いのですが、UTAGEは国産ツールのため日本人が直感的で使いやすい画面になっています。インスタや無料ブログ、メール配信ツールを触ったことがある方なら簡単に操作できます。特に、個人起業家や小規模ビジネスオーナーが使いやすいようにデザインされているため、複雑な設定や操作に悩まされることなく、すぐに使いこなせる点が大きな魅力です。

●毎月の経費が5万円以上も浮く

UTAGEを導入することで、さまざまなツールやサービスを個別に利用する必要がなくなるため、コストの大幅な削減が期待できます。具体的にどのくらいのコストが削減できるのか考えてみたところ、人によって異なりますが、約5万円以上は削減できるのではないでしょうか。

例えば、次のような使い方をしている人なら、毎月7万円以上かかります。

- LP作成でペライチのビジネスプラン……3,940円
- メルマガ配信でマイスピーのビギナープラン……3,300円
- LINE配信でLステップのスタンダードプラン……21,780円
- イベント予約でRESERVA（レゼルバ）のブループラン……4,950円
- 会員サイトでTEACHABLE（ティーチャブル）のProプラン……23,850円
- 動画共有でVimeoのスタータープラン……2,200円

- ファネル構築でClickFunnelsのStartupプラン……14,550円

合計　74,370円　※いずれも2024年12月時点の利用料

しかし、UTAGEを使えば、それらの初期費用が『無料』でかつ、ふた月目からは月額19,700円（税込21,670円）で使えます（1ドル150円で計算）。

他にも、現在外注に支払っている人件費や運用費がある人は、それらの費用が不要になるため、一層コストの削減が期待できます。より少ない運用費用でビジネスが可能になるだけでなく、ツール間の連携コストや管理の手間も省けます。

●自動化で余計な雑務から解放される！

UTAGEは、繰り返し発生する作業を自動化させる機能が充実しています。

例えば、ページを自動で非表示にする閲覧期限機能、メール・LINE配信、予約時の自動リマインダ機能、決済時の領収書・請求書の自動発行、口座入金の自動チェック機能（ユニヴァペイとの連携）、決済後の会員サイトの自動開放機能などがあります。

UTAGEならこれまで手作業で行っていた業務を自動化できるので、時間と労力を大幅に削減でき、あなたは余計な事務作業から解放され、自分のビジネス戦略に集中できます。

●データ集計・分析で顧客行動が丸裸に。次の一手が見える！

ビジネスにおいて顧客の分析は必須です。すでに複数のサービスを活用しながら、分析に時間をかけている人も少なくないはずです。

例えば今までなら、LPの登録率を計測するには、Googleアナリティクスを入れてアクセス数を計測し、実際にメール登録された人数をメ

ール配信ツールで確認し、さらにそれらの数値データをエクセルなどに入力して管理する必要がありました。

しかし、UTAGEならそうした煩わしい設定は不要です。1クリックでLP毎に登録率が確認できますから、知りたいと思った時に即データを確認することができます。他にも登録経路機能や売上集計機能などもついていますから、まさに顧客の行動は丸裸。蓄積されたデータからあなたが次に何をすべきかがわかるようになります。

●常に進化し、サポート体制も万全

UTAGEは、利用者のために定期的に勉強会や懇親会を開いてくれています。また機能も常にバージョンアップされ、マニュアルも常に更新されています。わからないことがあれば、問い合わせフォームから聞けば丁寧に返信してもらえるので、サポート体制についても安心していいでしょう。

筆者もよく問い合わせフォームからの質問を利用しますが、いつも親切な回答が返ってきます。

●他のツールと連携してさらにパワーアップ

システムを入れても、他のツールと連携できないと不便ですが、UTAGEは主要な他ツールと連携しているため業務全体を効率化させられます。例えば、GoogleカレンダーやZoomと連携させれば、スケジュール管理やオンラインミーティングの設定が楽ちんですし、Chatworkに連携すれば、各種通知が来るので、複数のアプリを日々チェックしなくてもよくなり、大事な情報を見落とすこともありません。

加えて、Googleスプレッドシートと連携すると、個別相談の申込み者・日程などの情報、商品販売データやオプトイン登録時の各種登録データが自動で書き出されます。Meta広告を利用する方はコンバージョンAPIと連携もできます。

SECTION

1-02 UTAGE

初心者でも集客の導線が作りやすい

成功する個人起業家はみなさん売れる集客導線を持っています。UTAGEなら起業初心者でもわずかな作業であっという間に高反応な導線が作れます。

集客導線とは？

集客導線とは、お客様にあなたのサービスを認知してもらう「集客」から、あなたの商品がいいものであることを教える「教育」を経て、購入に至るまでの一連の流れや仕組みのことです。

個人起業家にとって代表的な導線は、下記の図にあるような流れです。

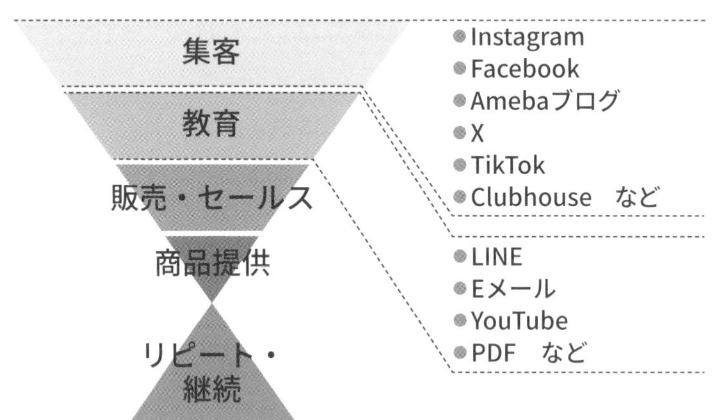

集客導線のイメージ

具体的にはSNS、広告などの「集客」の段階、オプトインページ（オプトLP）と呼ばれるメルアドやLINE登録用のページからステップ配信を流し、動画視聴ページを視てもらうための「教育」の段階、個別相談やセミナーの申込みページから予約してもらいセールスをする「販売」の段階、販売したあと商品サービスを実施する「商品提供」の段階、さらにその後の「リピート・継続」してもらう段階などに分かれています。

なぜ、集客導線を作るのか？

集客導線がないと、集客、教育、販売をバラバラに行うことになってしまうので、見込み客が次に何をすれば良いのかがわからず、途中で離脱しがちです。見込み客が離脱してしまうと、売上にも影響してしまうので離脱しないような集客導線をあらかじめ設計しておく必要があります。

また集客導線を作っていないと、自分のビジネスを成長させるために、どこをどのように改善していけばいいかがわかりにくくなります。改善すべき箇所がはっきりしないと、売上を上げることは難しくなりますが集客導線を作ることでこのようなデメリットが克服できます。見込み客の流れをスムーズに整えることで、ビジネスの改善が可能となり、安定した売上が作れるようになります。

UTAGEならワンクリックで集客導線が作れる

集客導線が必要といっても、いきなりゼロから一人で作るのは大変です。その点UTAGEでは、集客、教育、販売までの様々なタイプに適した集客導線が「ファネル」という呼び名の雛形で用意されています。その雛形を使えば、あなたがやるのは自分のビジネスにピッタリのファネル＝集客導線を選び、1クリックするだけ。あっという間にオリジナルの集客導線が出来上がります。

SECTION

1-03 UTAGE

ABテストが簡単にできる

UTAGEなら、従来やりたくても設定が難しかったABテストが非常に簡単にできます。LPの登録率が改善できビジネスのPDCAを回しやすくなります。

ABテストとは？

ABテストとは、「AパターンとBパターンのどちらの方が効果的か」などと、複数のものを比較するテストのことです。マーケティングではよく行われる手法で、Webマーケティングでは、アクセス数や成約率などのデータを比較し、成果が出ているほうを採用します。よくランディングページ（LP）の効果を最大化するために使われますが、ABテストを行うことでどちらがより効果的かを比較・検証し、PDCAを回す材料にできますから、ぜひ取り組みたい手法のひとつです。

ABテストの5つのメリット

●データに基づく意思決定ができる

ABテストは実際のメール・LINE登録率など、数字を活用するため、直感や推測ではなく、確実なデータに基づいた意思決定ができるようになります。

●登録率があがる

テストを繰り返すことで登録率の高いLPを見つけることができるので、登録率＝コンバージョン率を向上させることができます。

●失敗を減らせる

大規模な変更を一度に行うのではなく、小さな変更を段階的にテストすることで、リスクを低減し、失敗の可能性を最小限に抑えることができます。

●PDCAが回せる

ABテストを継続的に行うことで、LPのパフォーマンスを常に最適化し続けることができます。PDCAサイクル（計画、実行、評価、改善）を取り入れることで、より強いファネルになり売上が上がり安定していきます。

●費用対効果の向上

効果的なLPを作成することで、広告費用やマーケティング費用の費用対効果を高めることができます。

Googleアナリティクスでは難しい

今までは、多くの方がLPをワードプレスやペライチで作っておりABテストをする場合はGoogleアナリティクスという解析システムをいれるのが普通でした。しかし、初期設定や分析が難しく初心者に優しくないというデメリットがありました。

●初期設定から挫折する人が多かった

Googleアナリティクスを使うにはトラッキングコード、タグの設置、目標の設定など、初期設定が複雑です。さらにワードプレス側にもLPごとにタグを入れなければならないので、手間がかかり、人的ミスも起こりやすくなっていました。ITが得意でない人だと、この段階ですでに「やってられないよ」という感情になり、挫折してしまう人も少なくありません。

●分析をやろうと思ってもできない

Googleアナリティクスを一度でも見たことがある人ならおわかりだと思いますが、「で、どこを見ればよいの？」と、これまた諦めと半ば怒りがこみ上げてきたことがある人もいるのではないでしょうか。無料とはいえ、それほどGoogleアナリティクスはシステム周りに明るくない人にとってとっつきにくいものでした。さらに、これまでのGoogleアナリティクスは、2023年7月1日にサポートが終了しており、すでに新しいバージョンのGoogleアナリティクス（GA4と呼ばれる）に移行しなければならないなど、ますます面倒なことも起こっています。

しかしUTAGEなら、分析は誰が見ても一目瞭然。シンプルな上に、タグの設定など余計なことは一切必要ありません。LPを作っただけで登録率が自動でわかるように設定されていますので、複雑な設定などで頭を抱えることがなくなります。

SECTION

ビジネスが数字で見えてくる

売れない個人事業家に共通しているのは、自分のビジネスを数字で見ていないということです。UTAGEなら、導線すべてを数字で把握できるので短期で売上を上げられます。

メールアドレス・LINEの登録率がわかる！

メールアドレスやLINEの登録率は、ビジネスの成功の鍵を握る重要な指標です。特に、見込み客が最初に接触する段階なので、ここが高くなければその後の流れがいくら良くても売上は上がりません。広告費の予算を上げてLPへのアクセスをいくら増やしても登録率が悪ければ、ザルで水をすくっているのと同じことです。

登録率は、見込み客がどれだけあなたの商品サービス、あなたの企画に興味を持っているかを示す重要な指標です。登録率を把握することで、あなたのビジネスがうまくいっているのか、改善が必要なのかを簡単に判断できるようになります。

UTAGEではLPごとにアクセス数と登録数がシンプルにわかるので、どのLPに改善が必要なのかが一目瞭然となります。

各ステップの移行率がわかる

ステップメール（LINEステップ）とは、一度あなたのサービスや商品に興味を持ってくれた人に、段階的に情報を送るメールのことです。例えば、

1通目: 商品の紹介

2通目: 商品の特徴を詳しく説明
3通目: お試しキャンペーンのご案内
4通目: 購入を促す

といったように、メールの内容を少しずつ変えながら送ります。
このステップメールで移行率を測るということは、

1通目のメールを読んだ人が、2通目も読んでいるか
2通目のメールを読んだ人が、3通目も読んでいるか
3通目のメールを読んだ人が、実際に商品を買っているか

を数字で確認するということです。

移行率を測ることで、どこで多くの人が興味を失っているのかが分かります。例えば、

- 2通目と3通目の間で移行率が低い場合は 商品の特徴の説明が分かりにくかったり、興味を引く内容ではなかったりするのかもしれません。
- 3通目と4通目の間で移行率が低い場合はお試しキャンペーンの内容が魅力的ではなかったり、購入へのハードルが高かったりしたのかもしれません。

このように、移行率を見ることで、どの部分を改善すれば、もっと多くの人に商品を買ってもらえるかが分かります。

●UTAGEで移行率を測るには？

ちなみにUTAGEでは各ステップに進む毎にラベルを貼るなどのアクションをつけることで数字が追えるようになります。

移行率測定のイメージ

ウェビナーの視聴率がわかる

ウェビナーは、一般的にウェブ（Web）とセミナー（Seminar）を合わせた造語のことで、インターネット回線を通じてオンラインで行うセミナー、またはセミナーを行うためのツールのことをいいますが、本書では顧客教育用の動画のことと定義します。

ウェビナーは、顧客教育のために有効な手法で売上に大きく関係するので、読者の中にはすでにウェビナーを行っている人もいると思います。

ウェビナーを開催する上で重要なのは、動画の内容よりも視聴率です。視聴率を詳しく分析すると、視聴者がどの部分でウェビナーから離れたのか、またはどの部分に特に興味を持っているかを把握できるので、見込み客が求めていることがわかるようになります。

視聴率が高いウェビナーは、成約率を高める効果があり売上に直結しますから、数字を把握し、改善していきたいところです。

SECTION 1-05 UTAGE

ほしかった機能が数クリックで実現する

UTAGEでは、ITが苦手な個人起業家でも、本来であれば高度なスキルが必要な機能をわずか数クリックで実現してくれます。
ビジネスを最大化させるために嬉しい機能満載なのです。

ブログを作る感覚でLPが作れる

個人起業家が自分の商品を販売するならLPが必要ですが、従来だとLPを制作するのに30万円以上の費用がかかるのが当たり前でした。制作費が抑えられるペライチを始めとするLP制作サービスなどもありますが、他のサービスとの連携が難しいなどの課題がありました。

ですがUTAGEには、豊富なテンプレートが用意されているのでテキスト、画像、動画、音声、申し込みフォーム等の中身を変更するだけで簡単にLPを作ることができます。

これまでアメブロなどの無料ブログやワードプレス、ペライチなどを触ったことがある方なら、直感的にノーコードでLPを作成することができます。

UTAGEの開発者であるいずみさんは、もともと起業スクールの裏方を手伝っていた方ですから、反応の良いLPの構成要素を熟知されています。そんな方が作ったLPのテンプレートだからこそ、中身を書き換えるだけで高反応なLPができあがるというわけなのです。

LINEでステップ配信ができる

ステップ配信は、見込み客との信頼関係を構築しつつ購入へと誘導するために重要です。

すでに他のサービスでステップ配信を行っている人も少なくないと思いますが、ステップ配信の設定は複雑なことも多く、自分だけで設定できない方もいます。ですがUTAGEを使えば、誰でも簡単にステップ配信の設定を行うことができます。例えば、新規登録者に対して、数日おきに自動でメッセージを送る仕組みを設定し、商品やサービスの情報を段階的に提供するということも、簡単にできてしまうのです。

さらに、UTAGEは顧客の行動に応じて配信内容を柔軟に変更できるのが大きな特徴です。特定のリンクをクリックしたユーザーにはさらに詳しい情報を配信するなど、特定のアクションを顧客ごとに最適化された配信をすることもできます。

スマホとPCで別々の表示ができる

最近のデータではスマホでウェブサイトを見る人の割合は8割と言われています。そのためスマホファーストなLP、導線にすることが起業家にとっては不可欠です。

従来、ワードプレスなどでは、意外とスマホとPCで別々の表示をさせるのがひと手間でしたが、UTAGEでは簡単にその切替を行うことができます。

人によっては、スマホだけ見せたい、あるいはPCだけ見せたいというケースもあると思います。その場合、UTAGEならPCで見た時とスマホで見た時に見せる内容を別々に作れますから大変便利です。例えば、PCでは大きな画像や詳細な情報を一度に表示させる。スクロールのしやすさを重視したシンプルな作りにするため、スマホでは文字サイズを大きくするといった柔軟な対応もできます。そうすることでユーザーはどのデバイスでもストレスなくページを閲覧でき、結果として登録率や購入率の向上に繋がります。

ちなみに、実際にスマホだとどう表示されるのか？　PCだとどう見えるのか？　という確認もワンクリックで切り替えが可能です。いちいち、自分のスマホで確認する必要はありませんので、作業の大幅な時間短縮が可能です。

LPにタイマー機能がつけられる

UTAGEにはLPに表示期限＝タイマーを簡単に付ける機能があります。タイマーを利用すると、「期間限定」であることを強調できるため、ユーザーは「今すぐ行動しなければならない」と思うようになります。登録や購入の決断を早めることは、すなわち売り逃しを減らすことになりますから、タイマーは売上アップに欠かせない要素の1つです。ですが、この機能を使おうと思うと、従来は複雑な設定が必要でいろいろ手間をかけなければ実現させられませんでした。

UTAGEでLPを作成すれば、タイマー機能が標準でついていますので、LPの成約率アップも期待できます。期限が設定されていると、顧客は「後で考えよう」と先延ばしにすることが難しくなります。これらの心理的効果により、タイマー機能を導入することで登録率や購入率を高めることが期待できます。実際に筆者の場合も動画閲覧ページにタイマーを使っており、いま見なければ消えてしまうという限定性から、動画の視聴率が高まっています。

個別相談とセミナーに対応している予約機能

個別相談やセミナーを行っている人は、毎回そのスケジュール調整やリマインドなどに困っていないでしょうか。すべて自分で行うのは負担が大きいですが、UTAGEを導入すればそれらが自動で行うことができますので、予約機能などを別途用意する必要はありません。

UTAGEに搭載されている予約機能の特徴をまとめると、次のようになります。

●起業家に最適な個別相談・セミナータイプが用意されている

起業家が頻繁に利用する個別相談タイプとセミナータイプの予約が簡単に作れるようになっています。定期的なイベントやセミナー、一度限りの特別な企画にも対応しています。

●Googleカレンダー連携でスケジュール管理が簡単

Google カレンダーと連携し自分の予定をいれておけば、見込み客に空き時間を知らせることができます。また複数のスタッフで運営する場合、担当者ごとに空き時間を自動で表示できます。

●自動リマインド機能

予約完了後、自動でリマインドメールやLINEメッセージが送信され、参加率を高めることができます。

●Zoom連携でオンライン対応もスムーズ

オンラインイベントや個別相談の場合、Zoomのリンクが自動発行されるため、手動で設定する手間が省けます。

●予約日時や予約数を自動管理

セミナーの予約日時や定員を事前に設定できるだけでなく、セミナー開催後は自動で日程が非表示になります。そのため手動で日程を消したり、お申し込みを止めたりする手間がかかりません。

決済機能もわずかな設定で使える

UTAGEは、Stripe（ストライプ）や国内決済会社のUnivaPay（ユニヴァペイ）、テレコムクレジット、AQUAGATES（アクアゲイツ）など、複数の主要な決済システムと連携しており、テンプレートを使うことで短時間でクレジットカード決済できる商品販売ページが作れます。

さまざまな支払い方法にも対応しています。一括払い、分割払い、継続課金はもちろん、UnivaPay（ユニヴァペイ）の特別プランによる低コスト運用も可能です。

また、入金確認や消込などの作業はその都度時間がかかり面倒ですが、UnivaPayが提供する「オート銀振機能」を利用することで、申込ごとにユニークな口座番号を発行し、入金確認・消込を自動で行ってくれるので、銀行振り込みの確認作業の大幅な時間短縮が図れます。

●インボイス制度対応の領収書・請求書を自動で発行してくれる

UTAGEでは、クレジット決済時には領収書を、銀行振り込みを選択した見込み客には請求書を決済時の自動返信メールにURLとして発行してくれます。また、事前に事業者情報を登録することでインボイス制度にも対応できます。

さらに決済が完了すると、会員サイトの自動開放や、次のステップに移行するシステムが自動的に動作するため、ビジネスの運営が効率化されます。

●ついで買いやワンクリック決済もできる

UTAGEには、ついで買いを促すオーダーバンプ機能や、購入時のワンクリック決済機能もついていますので、売上の最大化が図れます。

会員サイトも数クリックで完成

いざやろうとすると、サービスが多々あり構築が面倒な会員サイトも、UTAGEを使えば数クリックで完成します。

例えば、講座やコンサル、コーチングを販売後、知識部分の提供は動画やテキストにまとめて会員サイトで学んでもらうということも可能です。

UTAGEの会員サイトでは、動画やPDFなどのデジタルコンテンツをアップロードできるだけでなく、受講生に対し段階的にコンテンツを消化させることもできます。

UTAGEの会員サイトの特徴は次のようなものがあります。

●自動でアカウントが発行できる

商品やコースの決済が完了すると、自動でアカウントが発行され、受講生にログイン情報が自動送信されます。これにより、手作業でアカウントを発行する手間が省けます。

●進捗管理ができる

今、どのくらい講座が進んでいるのかを受講生と管理者の双方で確認することができます。これにより、受講生ごとにフォローアップを行い、学習の継続を支援できます。

●受講生が自分で退会、クレカ変更手続きができる

受講生自ら、会員サイト内からクレジットカード情報を変更したり、課金停止をしたりできるので、問い合わせ対応の工数を減らすことができます。

●コメント機能で課題の提出をしてもらえる

コメント機能を使って受講生にアウトプットさせたり、課題としてコメントを書いてもらったりすることもできます。

SECTION

1-06 UTAGE

圧倒的な経費削減ができる

UTAGEを使う最大のメリットは、圧倒的なコスト削減が可能になること。様々な月額課金ツールとさよならできるのがUTAGEを選ぶ魅力の1つです。

ステップメールやLINE配信システムを解約できる

UTAGEにはメール配信システムの機能と同等、またはそれ以上の機能が備わっているので、今使用しているメール配信システムを解約しても支障がありません。ステップメールシステムで有名なマイスピーやブラストメール、アスメル、オレンジメールなどさまざまありますが、大体毎月3,300円〜8,800円くらいのコストがかかっていると思います。

また、プランによっては上位プランにしないと、アカウント数、シナリオ作成数、フォーム作成数などに上限がありますがUTAGEは全て無制限。上限を気にすることなく使えます。

また、LINE配信システムも解約できます。LINE配信システムに関しては、月1万円近くかかるものばかりなので、コストがかかるという印象でした。しかしUTAGEなら現在の顧客に合わせたメッセージの分岐機能など高度なこともできる上に、ステップメール登録者との顧客の紐づけも可能です。LINE配信の専用ツールを解約し、毎月のコストを大幅に削減できます。

LP作成ツールや動画共有サービスも解約できる

UTAGEにはさまざまな目的に応じたテンプレートが揃っているため、高反応が取れるプロフェッショナルなLPを簡単に作成することができ、他社のサービスを使わなくても済みます。

また、見込み客や受講生に対して動画コンテンツを共有している人なら、動画コンテンツの管理のためにVimeo（ヴィメオ）やloom（ルーム）をはじめとするサービスを契約していると思います。それらのサービスには、動画コンテンツの管理機能だけでなく、視聴率がわかる機能もあり便利ですが、UTAGEにも同様の機能があります。UTAGEのファイル容量は1000GB=約1TBあります。10分の解説動画が約100MBだとすると約1万本アップできる計算です。

会員サイトシステムを解約できる

講座を提供している人なら、受講生に満足感を与えるために、デザイン性と講座の進捗状況が受講生、管理側の双方からわかる機能のあるシステムが必須です。これまでは海外のサービスを使っていた人が多い傾向でしたが、これからは同様の機能を持つUTAGEで十分対応できるようになります。

CHAPTER
2

UTAGEの初期設定と決済の設定

2

SECTION

UTAGEアカウントを作成しよう

UTAGEの全機能を利用するにはアカウントの作成が必要です。ここでは14日間無料でUTAGEを利用できるお試し参加フォームからの登録方法を解説します。

お試し参加フォームから登録する

UTAGEには14日間の無料お試し期間があります。試してみて合わない場合でも、14日以内に解約すれば料金は一切かかりません。

UTAGEアカウントの登録は、以下の3つの手順で行います。

❶ UTAGEの公式サイト（https://utage-system.com/）にいき、ページ下部にある「今すぐ14日間無料でUTAGEを試す」をクリックする。

❷「14日間無料お試し参加フォーム」に名前、メールアドレスなどの必要事項を入力し注文を確定する。支払いはクレジットカードのみなので、事前にカードを用意しておきましょう。

❸先ほど入力したメールアドレスにUTAGEからログインに必要な以下の情報が送られてきます。

- ログインURL
- IDであるメールアドレス
- 初期設定のパスワード（後で変更可能）

あとはログインURLからIDとパスワードを入力してログインすれば、登録は無事完了です。

SECTION 2-02 UTAGE

独自ドメインを設定しよう

独自ドメインとは、個人や企業がインターネット上で独自に取得・管理する特定のウェブアドレスのことを指します。インターネット上における自分専用の「住所」のようなものです。

独自ドメインを取得する理由

UTAGEを使うにあたり、独自ドメインの取得は必須と考えてください。以下、理由を説明します。

●オリジナルのメールアドレスが作れる

独自ドメインを使ったメールアドレス（例: info@○○.com）を使用できるため、信頼性が向上します。

●ステップメールが送れる

独自ドメインを取得することで、スパムメールとして扱われるリスクが減り、ステップメールが相手に届きやすくなります。

●信頼性が上がる

インスタグラムや広告を使って集客する際、『このページから登録してください』と案内するLPのURLが独自ドメインであれば、視聴者からの信頼が高まります。

●クレカ決済や広告審査対策になる

クレジットカードの決済導入時や、メタ広告の審査を通すときなどにも独自ドメインの取得は有効です。独自ドメインがあると、企業の信頼性や実在性が確認しやすくなり、審査を通過しやすくななります。

●URLの所有者であることが証明でき、アカバン対策になる

LPに記載されたドメインが独自ドメインであれば、そのURLの所有者があなたであることを証明でき、信頼性の向上やアカバン対策につながります。

独自ドメイン&サーバーの契約をする

独自メールアドレスを使うためにはメールを送受信し、データを保管してくれるサーバーが必要です。サーバーは簡単にいうと、データを貯めたり保管したりしてくれる「レンタル倉庫」と「郵便局」が合わさったようなもの。独自ドメインを使って、ホームページを作ったりメールの送受信をしたりするためにはサーバーが必須だということを覚えておきましょう。レンタルサーバーはいろいろありますが、、本書ではUTAGEと相性が良く、かつ設定が簡単なエックスサーバーをおすすめします。

ここからは、レンタルサーバー契約までの流れを5ステップで解説していきます。

❶ エックスサーバーの公式ホームページにアクセスする

エックスサーバーの公式サイトを訪れ、画面右上の「お申し込み >」をクリックする。

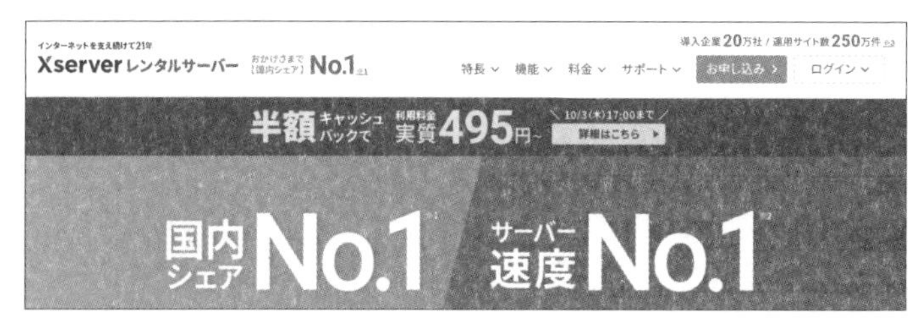

エックスサーバーのトップ画面

❷申し込みフォームに入力する

申し込みフォームへ必要事項を入力していきます。

エックスサーバーの申し込みフォーム画面

- サーバーIDは特に変更しなくてOK
- プランは一番手頃な「スタンダード」でOK
- 「WordPressクイックスタート」は後からでも付けられるので、チェックしないでOK

期間は通常12ヶ月を選ぶことが多いですが、お好みで選んでいただければ大丈夫です。

❸アカウント登録に必要な情報を入力する

個人情報を入力する画面へと進むので、今使っているメールアドレス、パスワード、名前など必要な情報を埋めていきます。

Xserverアカウントに登録するお客様情報を入力してください。
ひとつのXserverアカウントですべての対象サービスがご利用いただけます。

メールアドレス　name@example.com
パスワード　確認
半角8文字以上、45文字以内で入力
英数、半角、一部記号が使えます
登録区分　個人　法人
日本で登記のない任意団体(サークル、町内会など)や組合・海外法人等は、法人ではなく、代表者様や担当者様による「個人」でお申し込みください。
名前（ご担当者様）　山田　太郎
フリガナ　ヤマダ　タロウ
郵便番号　5300011
都道府県　北海道
住所(市区町村)　大阪市北区
住所(町域、丁目・番地)　大深町4-20
住所(建物名)　グランフロント大阪 タワーA 32F
電話番号　0662923811

利用規約と個人情報の取り扱いについて

【「サービス利用規約」「個人情報の取り扱いについて」に同意する】をクリックすると、
サービス利用規約、個人情報の取り扱いについてを確認・同意したものとみなします。

「サービス利用規約」「個人情報の取り扱いについて」に同意する

エックスサーバーの個人情報登録の画面

❹メールに送付された「認証コード」を入力し、本人確認を行う。

登録の入力を終えると、先ほど入力したメールアドレスに「認証コード」が届きます。「認証コード」を確認コード欄に入力すると、入力内容確認の画面へ遷移するので間違いがないか確認しましょう。問題がなければ「SMS・電話認証」へと進みます。

Xserver レンタルサーバー お申し込みフォーム

お申し込み内容選択　Xserverアカウント情報入力　確認　完了

@gmail.com 宛てにお送りした確認コードを入力してください。

メールが見当たらない場合は迷惑メールフォルダをお確かめください。
メールアドレスをお間違えの場合は入力画面に戻って修正のうえ再度お試しください。

確認コード

確認コードを入力する

利用規約と個人情報の取り扱いについて

利用規約と個人情報の取り扱いについて　　同意する

← Xserverアカウント登録の入力画面に戻る

ご本人様確認のため次の画面で「SMS認証」または「電話認証」を行いますので、お近くに電話機をご用意ください。

SMS・電話認証へ進む

エックスサーバー登録内容確認の画面で認証へ進む

❺本人確認を行う

SMSか電話認証が終われば、無事に契約手続きが終了です。

ここまで約10分あれば終わるので、一気に進めてしまいましょう。

サーバー側で独自ドメインを設定する

続いて、エックスサーバー側で独自ドメインを使えるように設定していきます（支払いを済ませておかないと設定ができないため、事前に済ませておくようにしましょう）。

❶エックスサーバーに先ほど登録したログイン情報を使ってログインします。ログインすると以下の画面になるので、「サーバー」のカテゴリーにある右端の「サーバー管理」をクリックします。

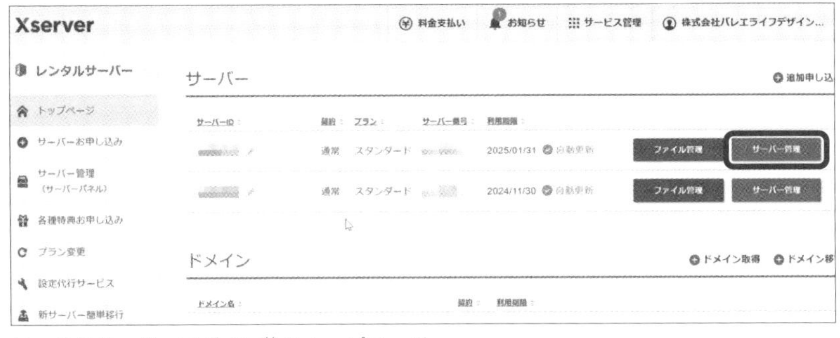

エックスサーバーログイン後のトップページ

❷次に画面右側にあるドメインのカテゴリーから「>ドメイン設定」を選びます。

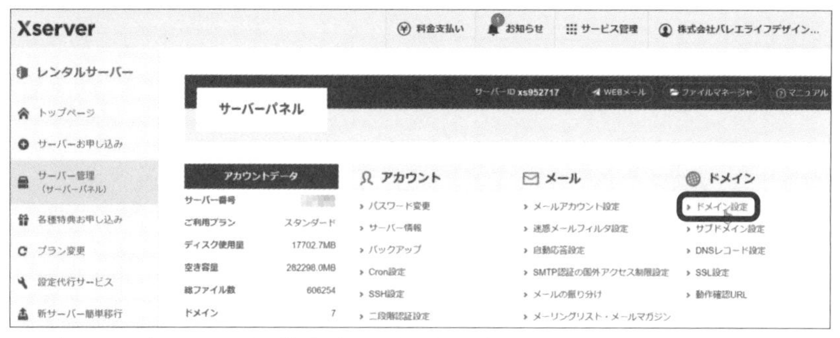

エックスサーバーのサーバー管理（サーバーパネル）画面

❸画面が遷移すると「ドメイン名」のところにエックスサーバーが初期設定したドメイン名が表示されます。「ドメイン設定一覧」の右隣にある「>ドメイン設定追加」のタブをクリック。

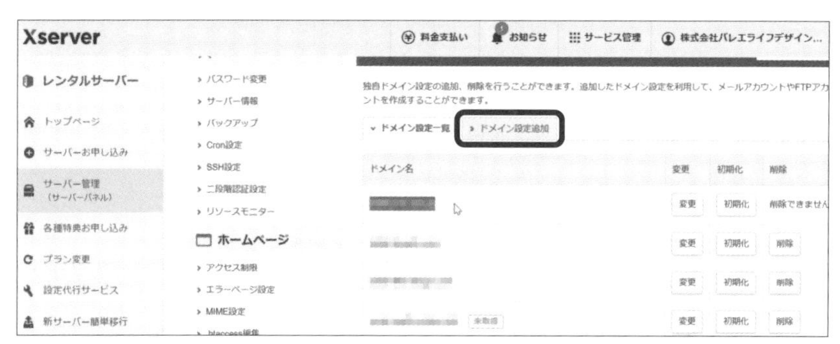

エックスサーバーのドメイン設定画面

❹「ドメイン設定追加」タブの「ドメイン名」の欄に、先ほどエックスサーバーが初期設定したドメイン名を入力し、「確認画面へ進む」を押す。これでエックスサーバー側の独自ドメイン設定が完了です。

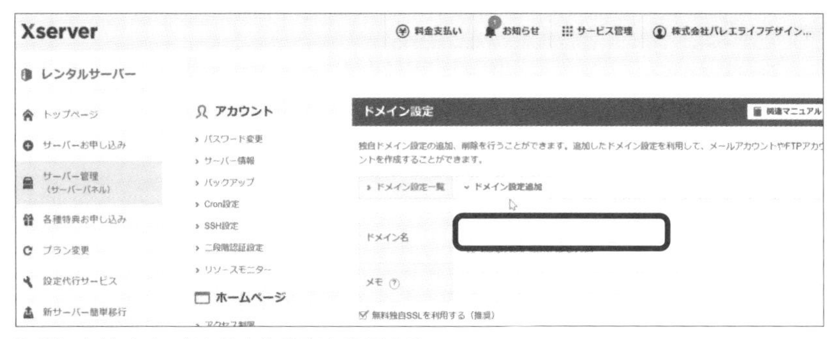

取得したドメイン名を入力し設定を完了する

UTAGEで独自ドメインを登録する

エックスサーバー側で新規の独自ドメインの設定をした後に、UTAGE側で独自ドメインの設定をすることで、先ほど設定した独自ドメインをUTAGEで使えるようになります。

❶UTAGEにログインし、画面右上のUTAGEアカウント名をクリックします。いくつかメニューが出てくるので、その中から「独自ドメイン管理」を選択する。

UTAGEログイン後の画面

❷「＋追加」をクリック。

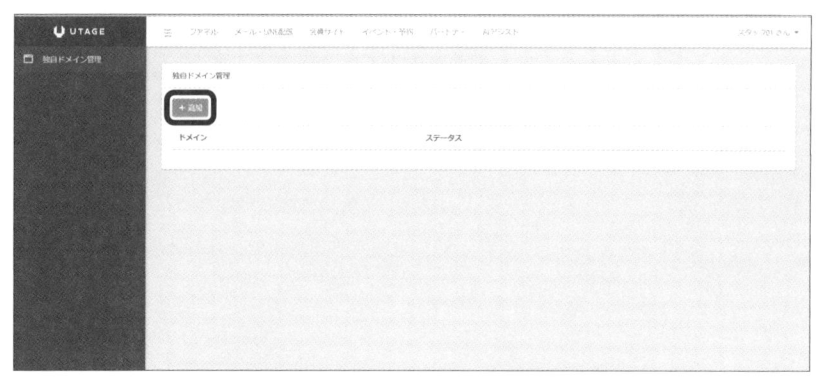

UTAGEの独自ドメイン管理画面

❸申請したいサブドメインを入力して【追加】をクリック。

【注意点！！】

※仮にエックスサーバーで取得した独自ドメインが「utagesample.com」とした場合、サブドメインのみ利用可能となるので、ここでは「test.utagesample.com」として申請する。

※「test」の部分は任意の半角英数字が使用可能。

※既にレンタルサーバー側で登録済みのサブドメインはUTAGEでは併用利用できません。
UTAGE専用のサブドメインをUTAGE側のみに登録してください。

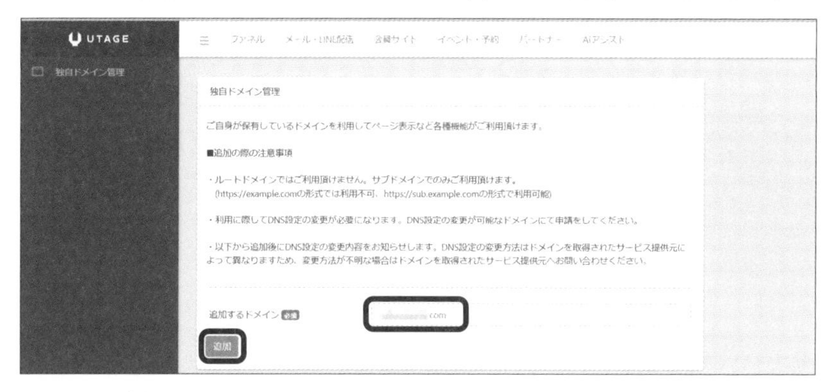

ドメインを追加する

❹自動発行されたDNS設定内容が表示されます。

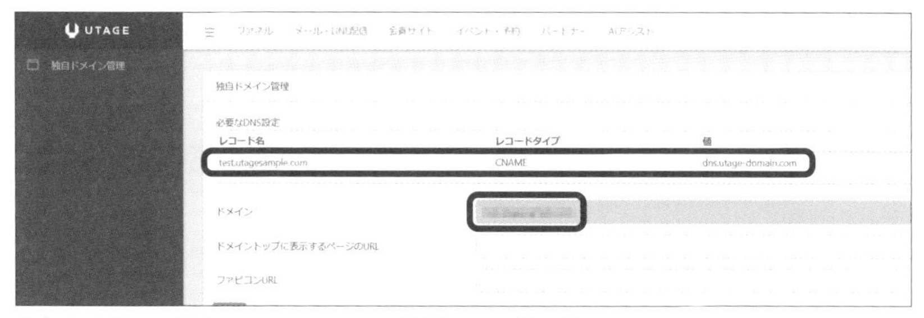

内容を確認して保存。DNSレコードの情報はこの後も使用します

続いてエックスサーバー側でのDNSレコードの設定に移ります。

サーバーでDNSレコードを設定する

ここからはエックスサーバー側でDNSレコードの追加設定を行います。

❶「エックスサーバー」にログインし、トップページ右上部にある「サーバー管理」をクリック。

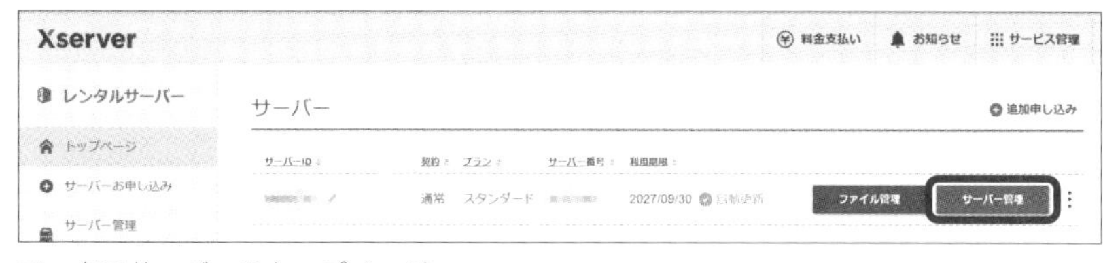

エックスサーバーのトップページ

❷画面右側「ドメイン」のメニューから「> DNSレコード設定」を選ぶ。

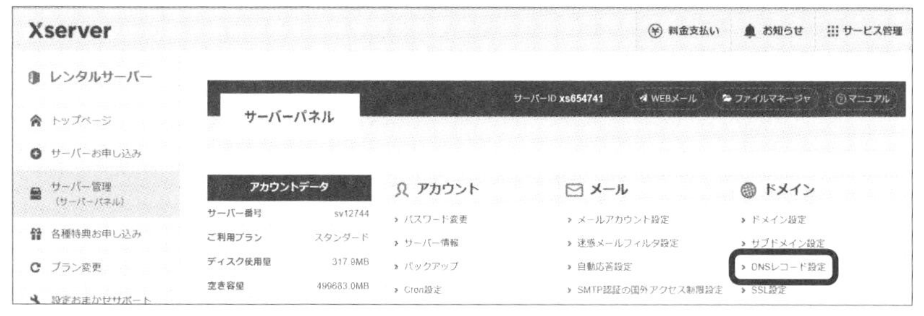

エックスサーバーのサーバー管理画面

❸「ドメイン選択画面」になったら、利用したいドメインの右側にある「選択する」を押す。

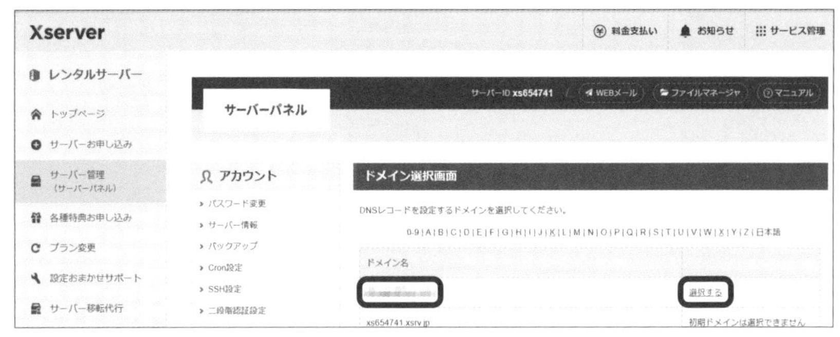

エックスサーバーのドメイン選択画面

❹「DNSレコード設定」右下の「> DNSレコード追加」を選ぶ。

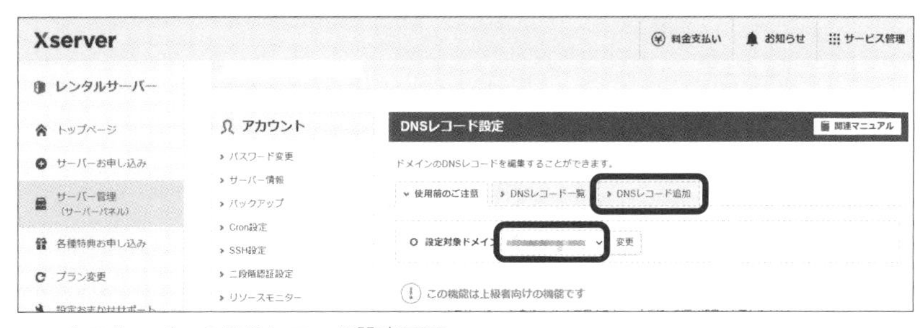

エックスサーバーのDNSレコード設定画面

❺画面が切り替わったら、UTAGEの独自ドメイン管理画面（自動発行されたDNS設定内容）を参考にして以下のように対応し、「確認画面へ進む」を押す。

- ホスト名：「サブドメイン名」を入力。

（例）「test.utagesample.com」なら「test」を入力。

- 種別：「CNAME」を選ぶ。
- 内容：「値（dns.utage-domain.com）」をコピペ。
- TTL、優先度：そのままでOK。

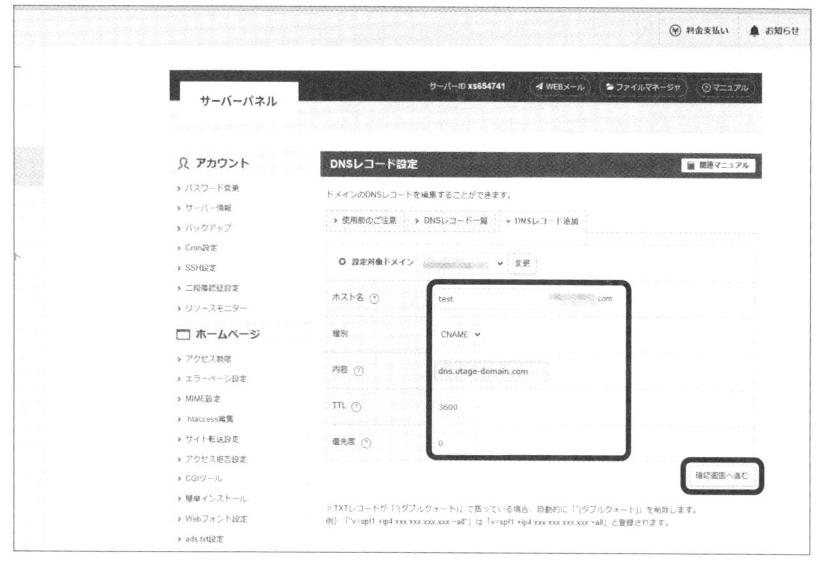

エックスサーバーのDNSレコード設定画面

❻内容を確認し間違いがなければ、「追加する」をクリックし、追加完了のメッセージが表示されたら、設定は完了です。

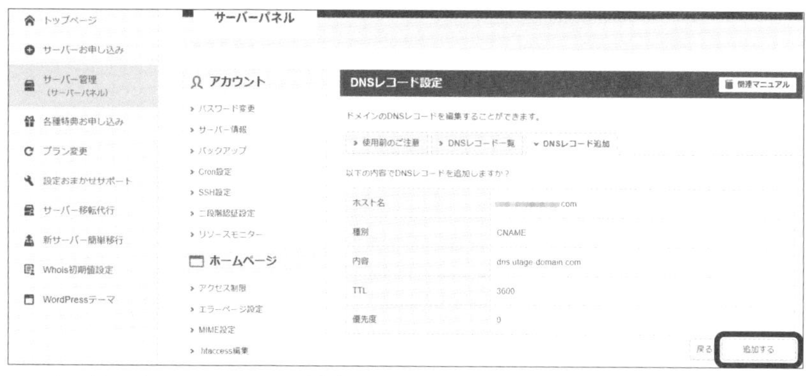

エックスサーバーのDNSレコード設定画面

❼UTAGEの独自ドメイン管理画面でステータスが「DNS設定反映待ち」から「利用可能」に変われば全ての設定完了です。

※反映まで時間がかかる場合があるので、時間を置いてステータスの変更を確認するようにしてください。

UTAGEの独自ドメイン管理画面

ログイン画面を変更する

独自ドメインの設定が終わったら、必ずログイン画面の変更をしましょう。そうすることで、各UTAGEページのURLが独自ドメイン化され、ページの一貫性や信頼性が担保されるとともに、メールブロックの回避やアカバン対策にもつながります。

【変更前】

変更前のUTAGEログイン画面のURL

❶UTAGEにログイン後、右上にあるアカウント名をクリックし、「独自ドメイン管理」を選ぶ。

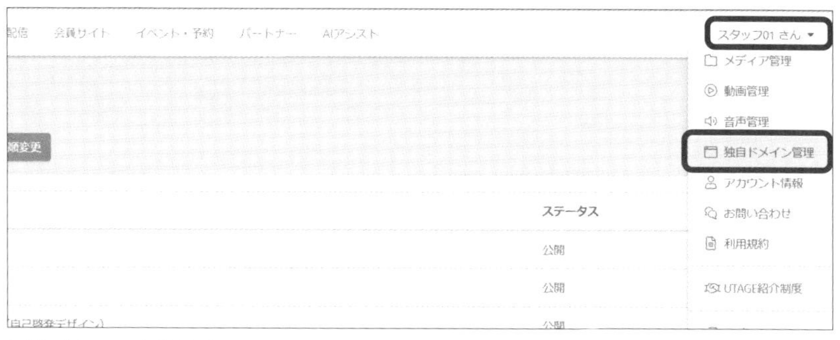

UTAGEのファネル画面

❷ドメインの右端にある三点リーダー「⋮」から「ログインページ」をクリック。

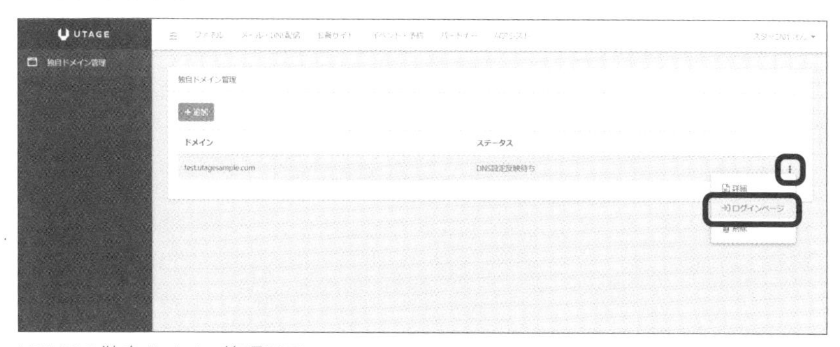

UTAGEの独自ドメイン管理画面

❸UTAGEのログイン画面のURLが変更されるので、このページをブックマークなどに保管しておき、次回からはここからログインするようにします。

【変更後】

変更後のUTAGEログイン画面のURL

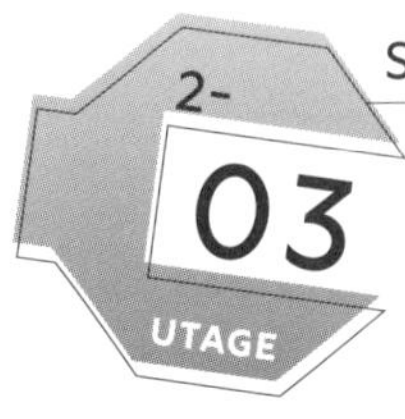

SECTION

迷惑メール対策をしよう

Gmail やYahoo!メールなどは、ますますスパムフィルタにかかりやすくなっています。そのため、迷惑メールとして判定されないようサーバー側で設定が必要です。

DKIM（ディーキム）を設定する

DKIM（DomainKeys Identified Mail）とは、メールの送信者を確認し、メールの内容が改ざんされていないことを証明するための技術です。

簡単に言うと、メールに「デジタル署名」を付けることで、受信者はそのメールが本当に正しい送信者から送られたかどうかを確認できるようになります。

❶UTAGEにログインし、メニューにある【メール・LINE配信】をクリックする。

UTAGEのファネル画面

❷左サイドパネルの「DKIM・DMARC認証設定」を押す。

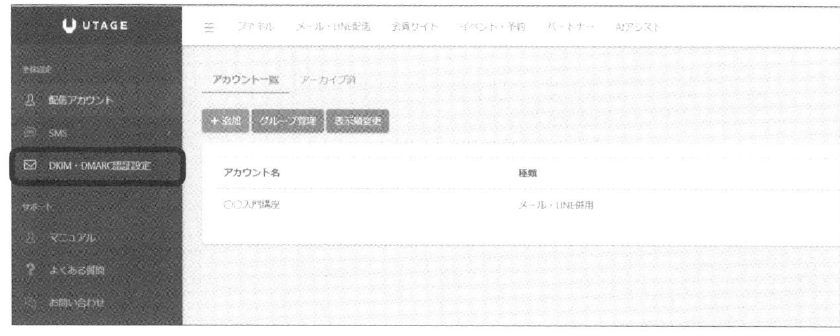

UTAGEの配信アカウント画面

❸「追加」ボタンを押す。

UTAGEのDKIM・DMARC認証設定画面

❹自分が使いたい独自ドメインを「送信元メールアドレスのドメイン」に入力し、「保存」ボタンを押す。

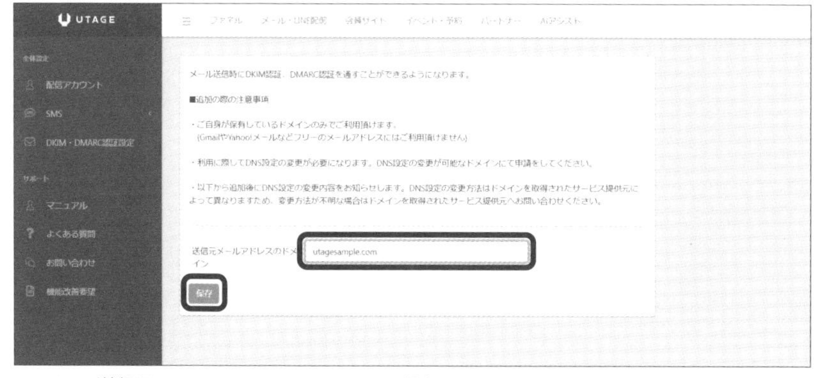

UTAGEの送信元メールアドレスのドメイン保存画面

※「送信元メールアドレスのドメイン」には、ドメイン名（例）「utagesample.com」のみをご登録ください。「info@utagesample.com」のようなメールアドレス形式では登録できません。

❺画面が以下のように切り替われば、OK。（後で使うので、閉じずにそのままか、最小化しておく）

UTAGEのDKIM認証設定画面

❻エックスサーバーにログインし、画面右の「ドメイン」にある「> DNSレコード設定」をクリック。

エックスサーバーのサーバー管理画面

❼「DNSレコード設定」画面の【> DNSレコード追加】をクリック。

エックスサーバーDNSレコード設定画面

❽エックスサーバーのDNSレコード設定画面の空欄に、先ほどのUTAGEのDKIM認証設定画面を見ながら必要項目をコピペし、「確認画面へ進む」をクリックする。

- **ホスト名：**レコード名を入力。
  （例）「ymuucff3._domainkey.test.utagesample.com」なら「ymuucff3._domainkey」を入力。
- **種別：**「CNAME」を選ぶ。
- **内容：**「値（ymuucff3.utage-dkim.com）」をコピペ。
- **TTL、優先度：**そのままでOK。

DNSレコード設定画面で入力していく

UTAGEのDKIM認証設定画面

❾設定内容を確認し、「追加する」をクリックする。

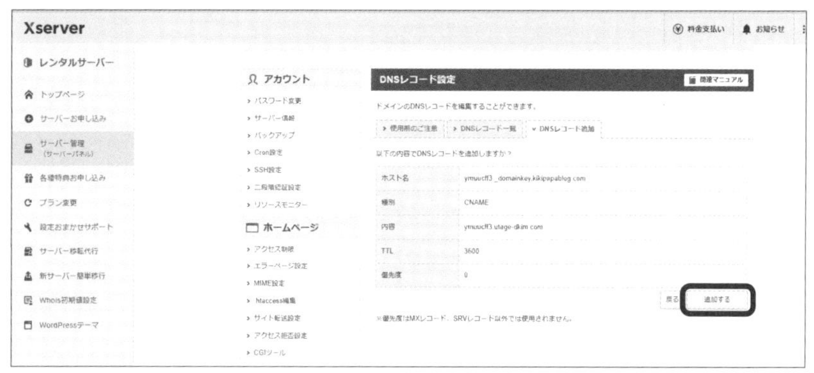

エックスサーバーDNSレコード設定画面2

❿追加完了のメッセージが表示されれば、設定完了です。

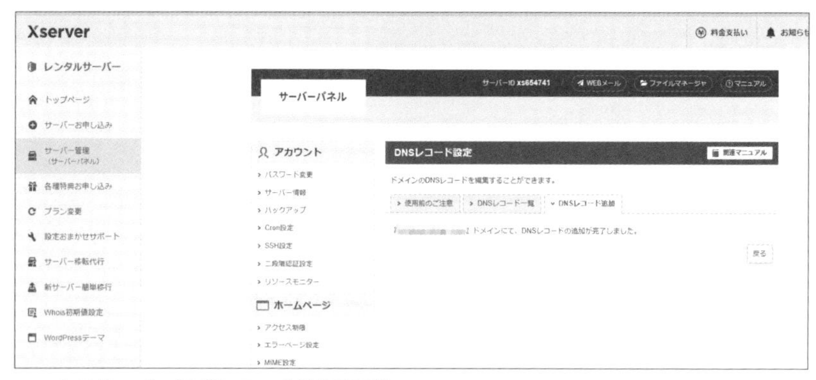

エックスサーバーDNSレコード設定画面3

DMARC（ディーマーク）を設定する

DMARC（Domain-based Message Authentication, Reporting & Conformance）とは、メールのセキュリティを強化するための仕組みです。特に、なりすましやスパムを防ぐために使われます。

❶エックスサーバーのサーバー管理画面から画面上、真ん中にある「メール」の「> DMARC設定」を選ぶ。

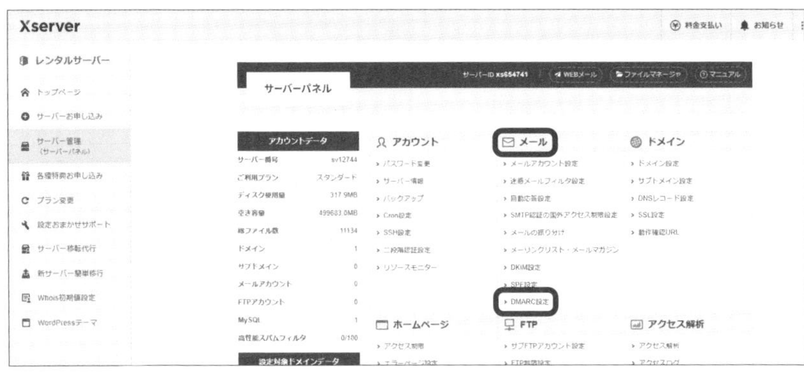

エックスサーバーのサーバー管理画面

❷自分の設定した独自ドメインで「選択する」をクリック。

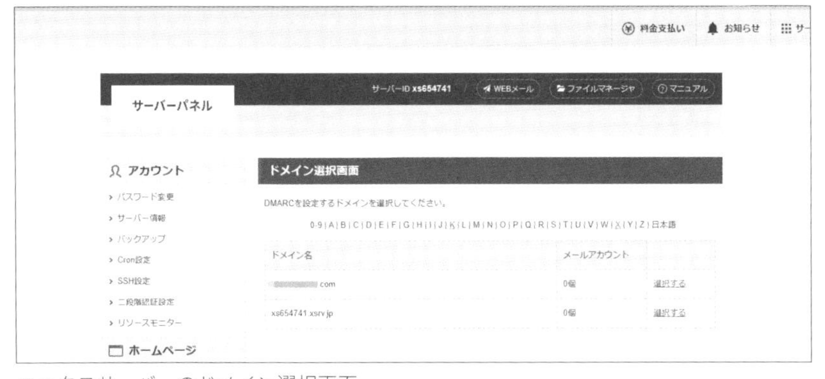

エックスサーバーのドメイン選択画面

❸「変更後のDMARCポリシー設定」で「何もしない」を選択し、「設定する」ボタンを押す。

「変更後のレポート設定」はそのまま「OFF」でOK。

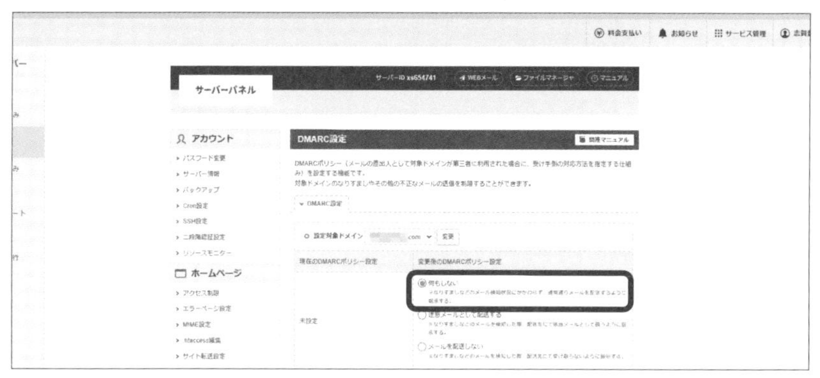

エックスサーバーのDMARC設定画面

❹以下の画面が表示されれば設定完了です。

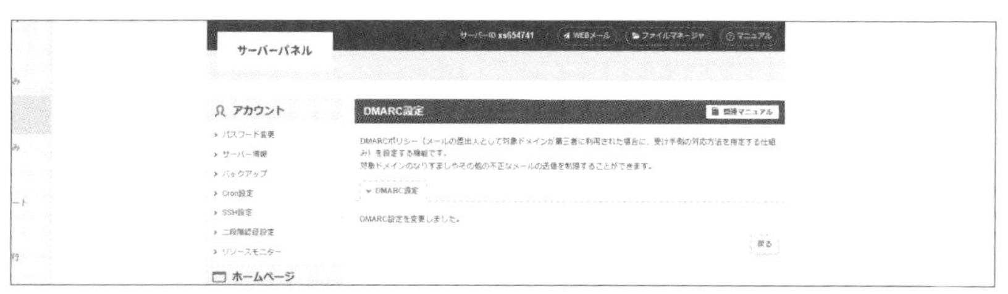

エックスサーバーのDMARC設定完了

テストメールを送る

DKIM・DMARC認証の設定ができたら、作成した独自ドメインのメールが迷惑メール扱いにならないかテストメールを送って確認します。

❶独自ドメイン管理画面で、独自ドメインが利用可能になったのを確認したら、上メニューの【メール・LINE配信】をクリック。

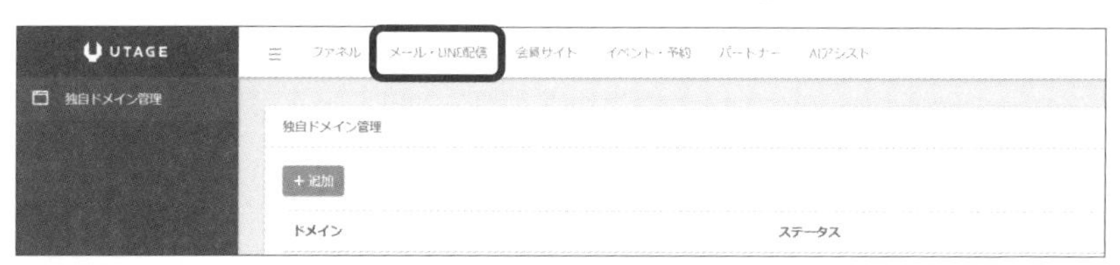

UTAGEの独自ドメイン管理画面

❷「アカウント一覧」から「＋追加」のボタンを押す。

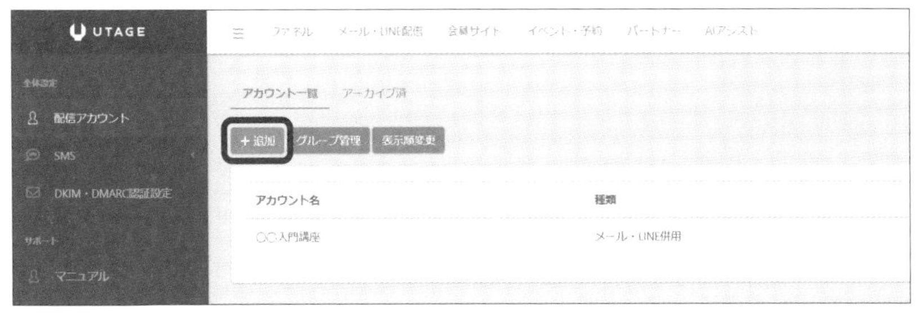

UTAGEのアカウント一覧画面

❸「種類」は“メールのみ”のまま、「アカウント名」に“テスト”などわかりやすい名前を付けて「保存」ボタンを押す。

UTAGEの画面

❹画面が切り替わるので、「アカウント名」から先ほど入力した「テスト」のアカウントをクリックする。

UTAGEのアカウント一覧画面

❺「デフォルトグループ」が表示されたら、再度「追加」ボタンを押す。

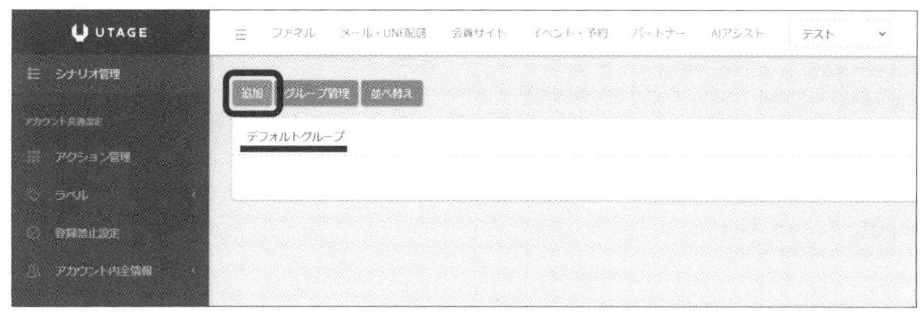

UTAGEの画面

❻「管理用シナリオ名」の欄に先ほどと同様に、“テスト”などわかりやすい名前を付けて「保存」ボタンを押す。

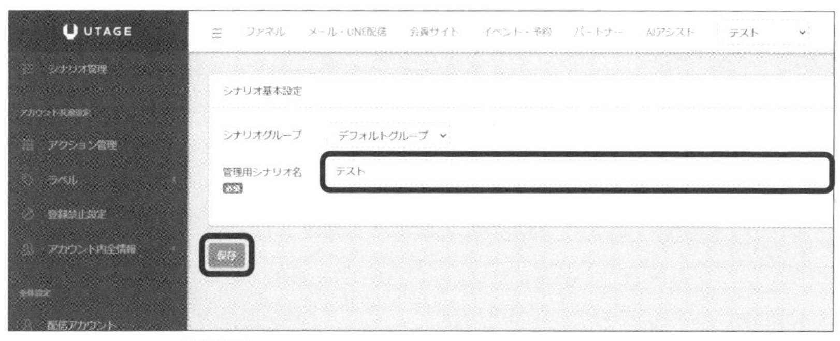

UTAGEのシナリオ基本設定画面

❼先ほど作ったデフォルトグループの「テスト」を選択する。

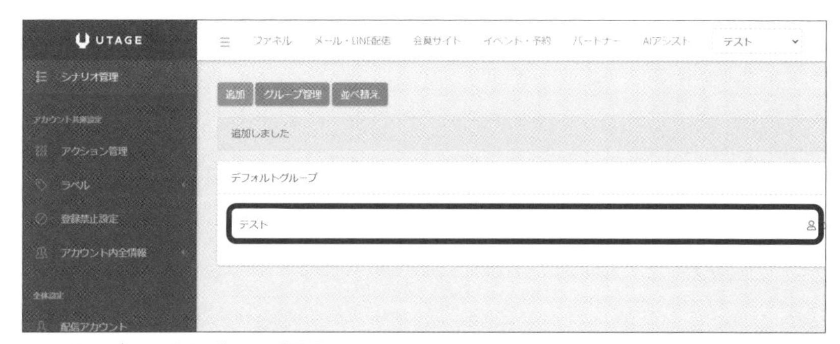

UTAGEのデフォルトグループ画面

❽左サイドパネルの「ステップ配信」をクリック。

UTAGEの画面1

❾以下の画面になったら、「ステップ配信」の「メール追加」ボタンを押す。

UTAGEの画面2

❿「配信メール」の各欄（必須）を埋めていき、「保存」ボタンをクリック。

- **送信者名：**お好きな名前
- **送信者メールアドレス：**先ほどエックスサーバーで設定したメールアドレス
- **件名：**お好きな件名（スパム判定されないよう日本語で）
- **種類：**「テキスト」or「HTML」のどちらか
- **本文：**お好きな本文（スパム判定されないよう、挨拶、本文、署名、登録解除リンクは必ずつけ、ある程度作り込みましょう）

● 送信のタイミング：「シナリオ登録直後」のまま。

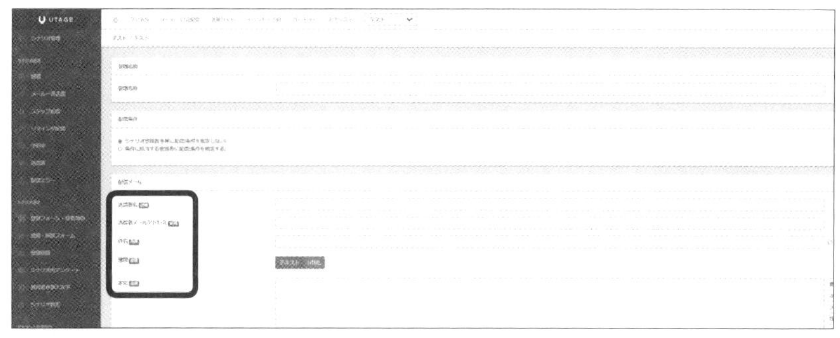

UTAGEの画面3

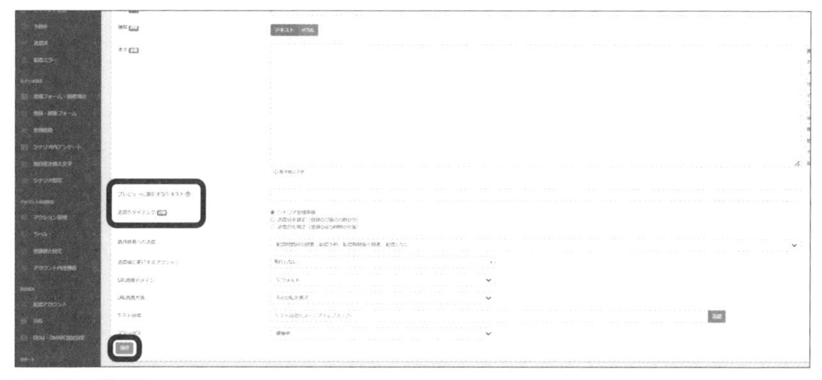

UTAGEの画面4

⓫画面が切り替わるので、左サイドパネルの「登録・解除フォーム」から「登録フォーム」をクリックする。

UTAGEの画面5

迷惑メール対策されているかGmailで確認する

実際にGmailを送信してみて、メールが迷惑メールのフォルダに入らないか確認しておきましょう。

❶「登録フォーム」をクリックすると以下の画面になるので、普段使っている自分のGmailのアドレスを入力して「登録する」ボタンを押す。

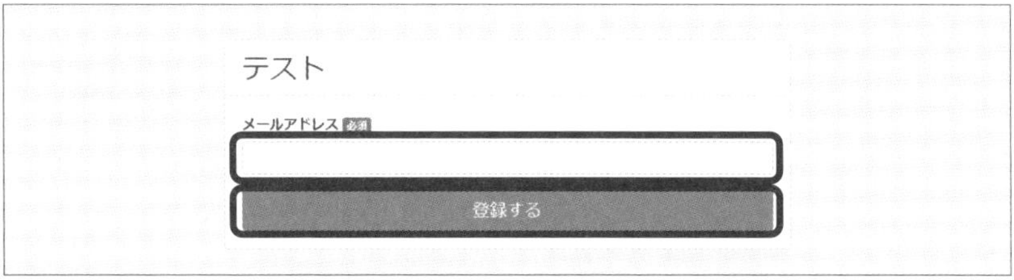

テスト

メールアドレス 必須

登録する

UTAGEの登録フォームの画面

❷下の画面が表示されたら、自分のGmailアドレスにメールが届いているか確認する。

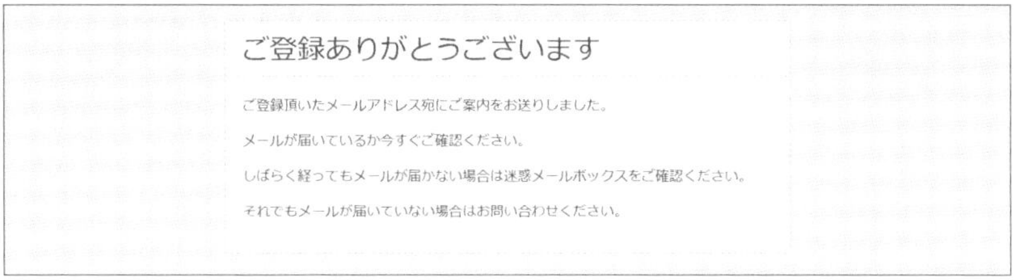

ご登録ありがとうございます

ご登録頂いたメールアドレス宛にご案内をお送りしました。

メールが届いているか今すぐご確認ください。

しばらく経ってもメールが届かない場合は迷惑メールボックスをご確認ください。

それでもメールが届いていない場合はお問い合わせください。

UTAGEの登録お礼の画面

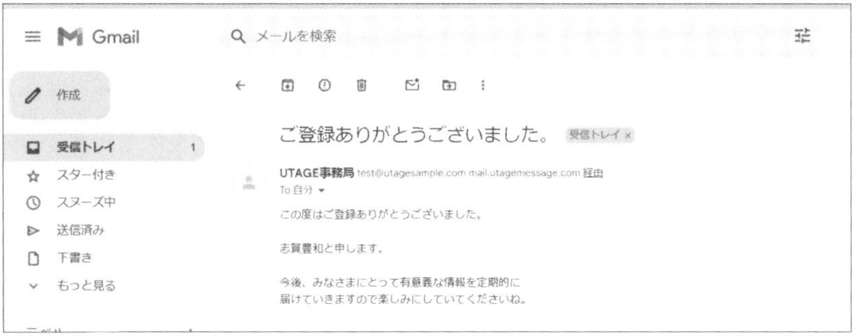

Gmail　メールを検索

作成

受信トレイ 1

スター付き

スヌーズ中

送信済み

下書き

もっと見る

ご登録ありがとうございました。 受信トレイ ×

UTAGE事務局 test@utagesample.com mail.utagemessage.com 経由

To 自分

この度はご登録ありがとうございました。

志賀豊和と申します。

今後、みなさまにとって有意義な情報を定期的に
届けていきますので楽しみにしていてくださいね。

Gmailの受信トレイ画面1

❸画面の右端にある三点リーダー「⋮」をクリックして、「メッセージのソースの表示」を押す。

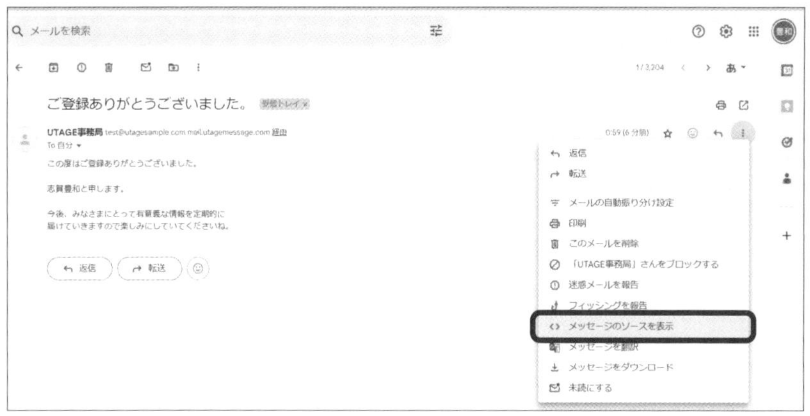

Gmailの受信トレイ画面2

❹「SPF」「DKIM」「DMARC」の3つとも"PASS"になっていれば完了です。（この画像はDMARCだけ"FAIL"になっています）

Gmailのメッセージのソース表示画面

SECTION 2-04 UTAGE

クレジット決済会社と契約しよう

UTAGEでは「Stripe」「UnivaPay」「AQUAGATES」「テレコムクレジット」の決済代行会社のサービスと連携して決済することができます。ちなみに本書のおすすめは「UnivaPay」です。

契約する前に準備する

クレジットカード決済会社の審査に通るよう、事前の準備を済ませておきましょう。審査通過のポイントをいくつか挙げておきますので、参考にしてください。

●ホームページがあるか

ホームページはあった方がよいですが、用意できない場合はエクセルなどで資料を提出してもよいでしょう。ただし審査の通過率は低くなることが予想されます。

●料金表があるか

クレジット決済代行会社によっては、審査をする際に料金表を求められることがあります。ホームページがない場合は簡単な表などを作成して用意するようにしましょう。

あまり細かく書きすぎると、逆に審査に通りにくくなってしまう可能性もあるので、なるべくシンプルに書くと良いでしょう。

料金範囲はなるべく広めに設定しておくと、将来値上げした場合でもそのまま使えるのでオススメです。

● 「特商法に基づく表記」「運営者情報」「プライバシーポリシー」

こられはUTAGEのリンクの設定で可能ですので、4章で詳しく解説します。

「UnivaPay」を契約する

国外・国内さまざまな決済代行会社がありますが、結論からいうと、ユニヴァ・ペイキャスト社の「UnivaPay」がおすすめです。「UnivaPay」をおすすめする理由は、次のようなものがあります。

● 事前に商品審査があるため、運用中に突然アカウントが停止されるリスクが少ない。

これに対して、「Stripe」などの海外決済代行会社では事前審査がないため、運用中に審査が入ってアカウントが停止されることがあります。

● コンテンツビジネスなどの無形商材に強く、他社よりも審査が通りやすい。

無形商材の取り扱いが厳しくなっている中で運用のノウハウがあるため、比較的低い手数料で運用が可能です。

● 扱う商材によっては、海外決済代行会社よりも手数料が安い。

● 「UnivaPay UTAGE特別プラン」で契約できる

初期費用の10,000円（税込11,000円）が無料、かつ月額費用の3,000円（税込3,300円）も無料（初月だけでなく2ヶ月目以降も無料）で使用可。

SECTION 2-05 UTAGE

決済連携設定をしよう

ここからはUnivaPayの具体的な決裁連携設定のやり方を解説していきます。

UnivaPay（新システム）と連携する

❶UnivaPay（新システム）管理画面にログイン後、左サイドパネルの「店舗」より店舗名をクリックし、「店舗ID」を取得します。

UnivaPayの管理画面

※「一般設定」のIDを記載していると設定ミスとなるので、ご注意ください。

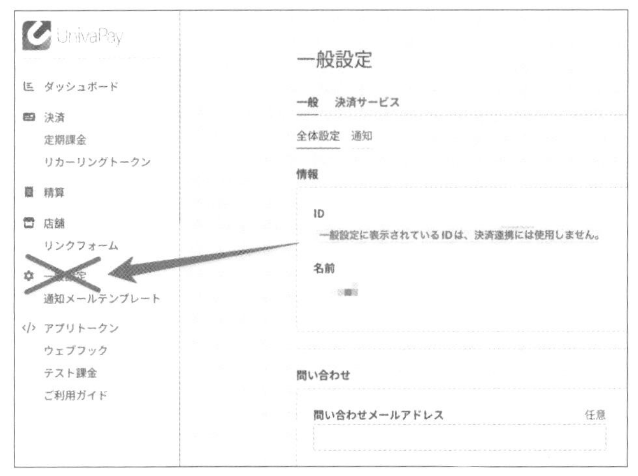

UnivaPayの管理画面

❷UTAGE画面より上部メニューにある「ファネル」＞左サイドパネルから「決済連携設定」＞「UnivaPay（新システム）連携設定」の「店舗ID」の欄に、手順❶で取得した店舗IDを入力する。

※店舗IDに途中でスペースが入らないよう注意！

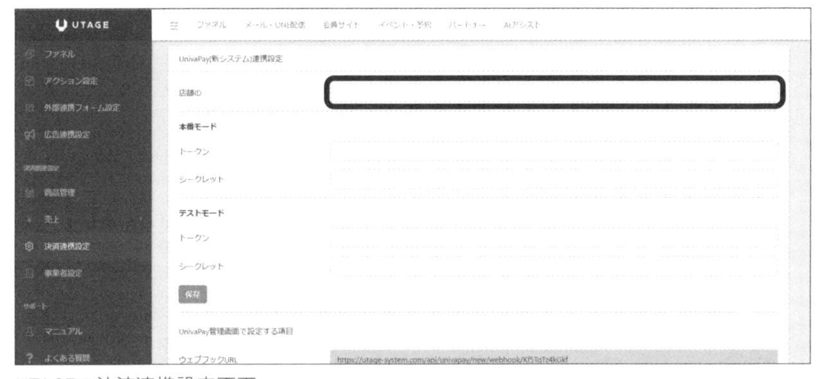

UTAGEの決済連携設定画面

❸UnivaPay新システム管理画面にログイン後、アプリトークンの画面からトークンとシークレットを取得する。

『本番モード』用と『テストモード』用のそれぞれでアプリトークンの追加が必要になります。

『本番モード』用のアプリトークンを取得する

❶左サイドパネルにあるアプリトークンを開き、「新規追加」を押します。

UnivaPayのアプリトークン画面

❷「利用店舗を指定する」にチェックを入れ、「店舗」を指定する。

❸「モード」を「本番」に指定する。

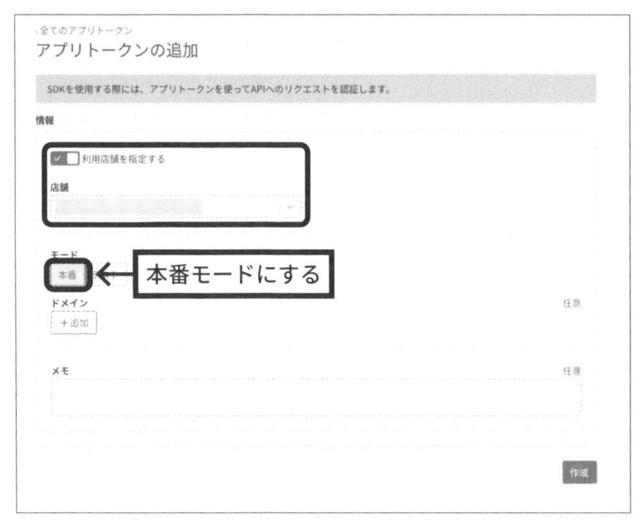

UnivaPay（新システム）管理画面

❹「ドメイン」を指定する。「+追加」ボタンを押し、「utage-system.com」を入力。

※UTAGEの機能で独自ドメインを利用する場合は、「+追加」より独自ドメインも指定します。

（例）「https://sub.utage.com」というURLの場合、入力するドメインは「sub.utage.com」。

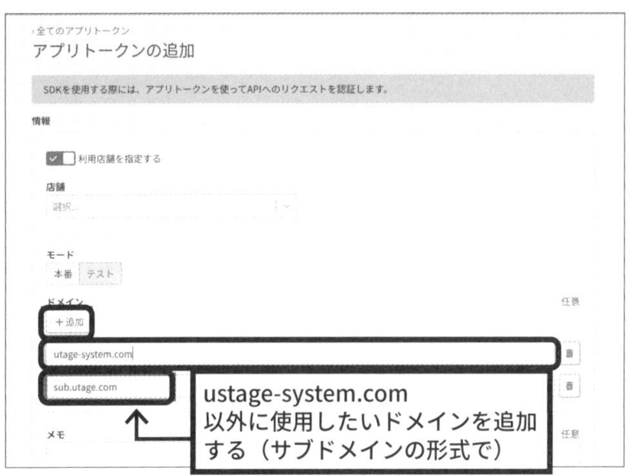

UnivaPay（新システム）管理画面

❺上記の設定が完了したら「作成」ボタンを押す。

❻本番モードのトークン、シークレットが表示されるのでコピーする。

※シークレットは一度しか表示されないので、メモ帳などに保存してください。

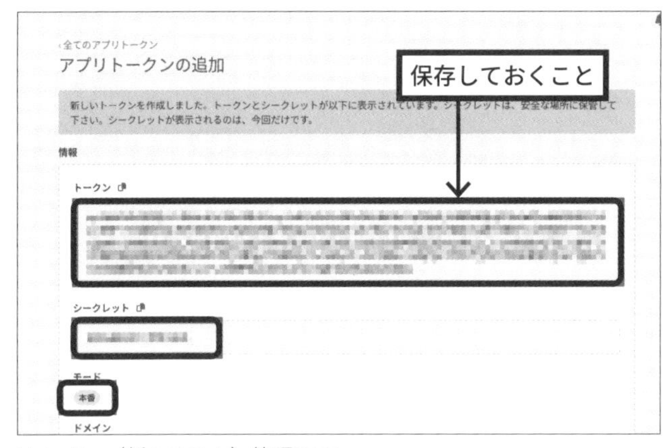

UnivaPay（新システム）管理画面

❼UTAGE画面より上メニューの「ファネル」＞左サイドパネルから「決済連携設定」＞「UnivaPay（新システム）連携設定」の本番モードの「トークン、シークレット」の欄に手順❻で取得したトークン、シークレットを入力する。

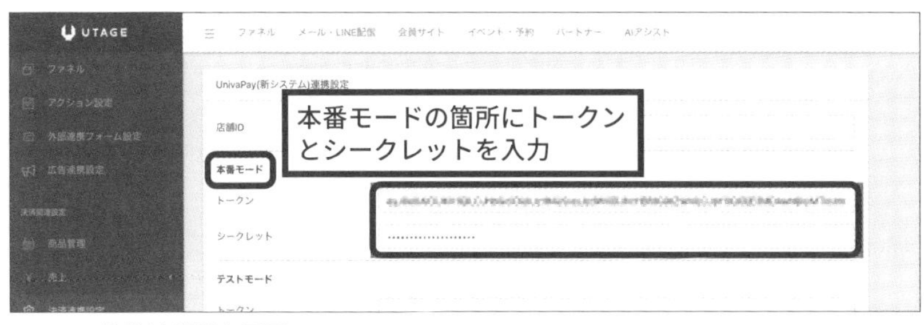

UTAGEの決済連携設定画面

❽本番モードのトークンとシークレットの入力が完了したら、UnivaPay（新システム）管理画面に戻り、「シークレットを保存しました。」ボタンを押す。

UnivaPay（新システム）管理画面7

❾「シークレットを保存しましたか？」のポップアップが表示されるので「はい」をクリック。

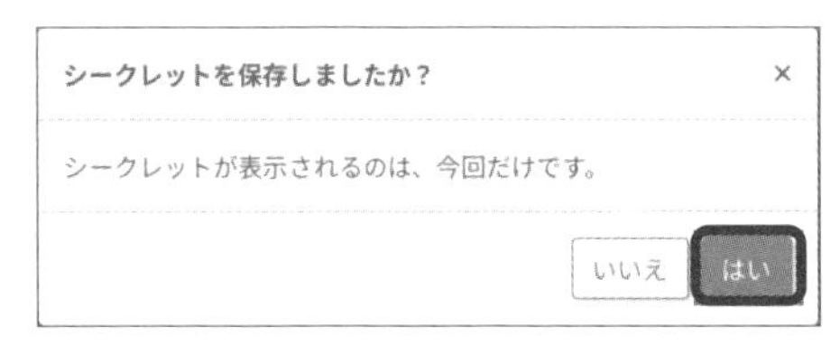

❿アプリトークン一覧に作成した本番モードのアプリトークンが表示されれば、本番モードの設定は完了です。

『テストモード』の準備をする

続いてテストモードのアプリトークン作成に移りましょう。

● 『テストモード』用のアプリトークンを取得する。

❶左サイドパネルのアプリトークン一覧より「新規作成」ボタンを押す。

UnivaPayのアプリトークン画面

❷「利用店舗を指定する」にチェックを入れ、「店舗」を指定する。

‹全てのアプリトークン
アプリトークンの追加
SDKを使用する際には、アプリトークンを使ってAPIへのリクエストを認証します。
情報
利用店舗を指定する
店舗
モード
本番
テスト
ドメイン
任意
+追加
メモ
任意

UnivaPay（新システム）管理画面1

❸「モード」を「テスト」に指定する。

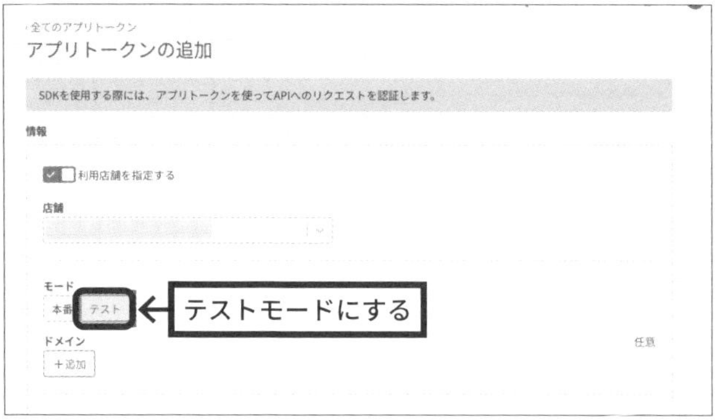

UnivaPay（新システム）管理画面2

❹「ドメイン」を指定する。「+追加」ボタンを押し、「utage-system.com」を入力します。

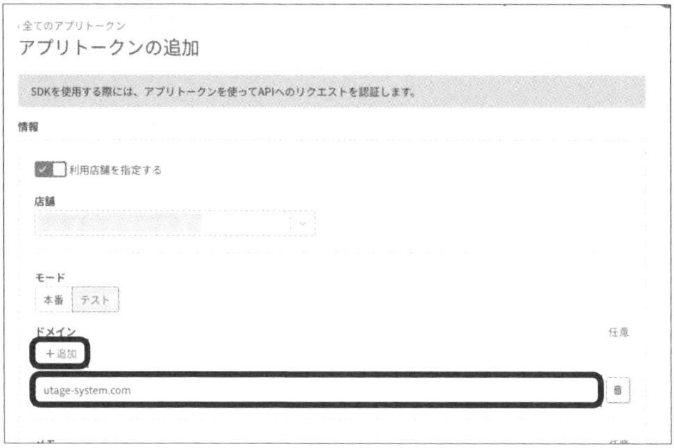

UnivaPay（新システム）管理画面3

※UTAGEの機能で独自ドメインを利用する場合は「+追加」より独自ドメインも指定します。

（例）「https://www.univapay.com/」というURLの場合、ドメインは「www.univapay.com」です。

❺上記の設定が完了したら「作成」ボタンを押す。

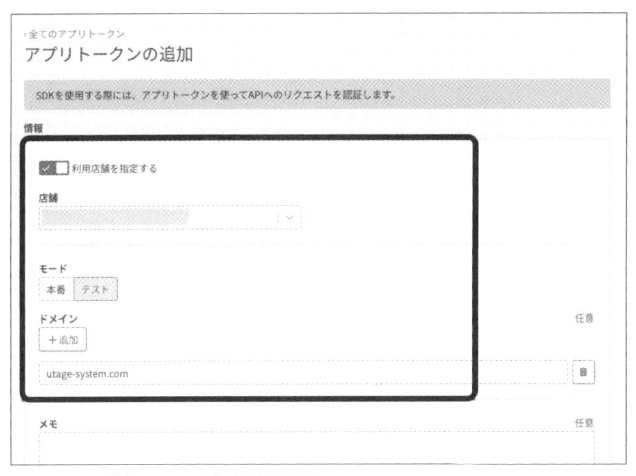

UnivaPay（新システム）管理画面4

❻テストモードのトークン、シークレットが表示されるのでコピーします。

※シークレットは一度しか表示されないので、メモ帳などに保存してください。

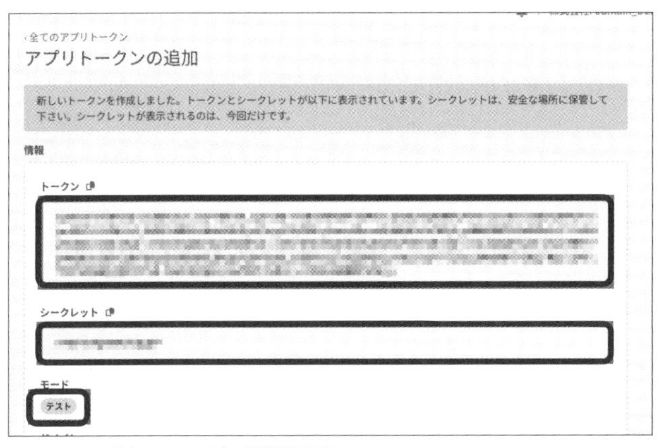

UnivaPay（新システム）管理画面5

❼UTAGE画面より上メニューの【ファネル】＞左サイドパネルから「決済連携設定」＞「UnivaPay（新システム）連携設定」のテストモードの「トークン、シークレット」の欄に手順❻で取得したトークン、シークレットを入力する。

UTAGEの決済連携設定画面

❽テストモードのトークンとシークレットの入力が完了したら、UnivaPay（新システム管理）画面に戻り、「シークレットを保存しました。」ボタンを押す。

UnivaPay（新システム）管理画面6

❾「シークレットを保存しましたか？」のポップアップが表示されるので「はい」をクリック。

UnivaPay（新システム）のポップアップ画面

❿アプリトークン一覧に作成したテストモードのアプリトークンが表示されれば、テストモードの設定は完了です。

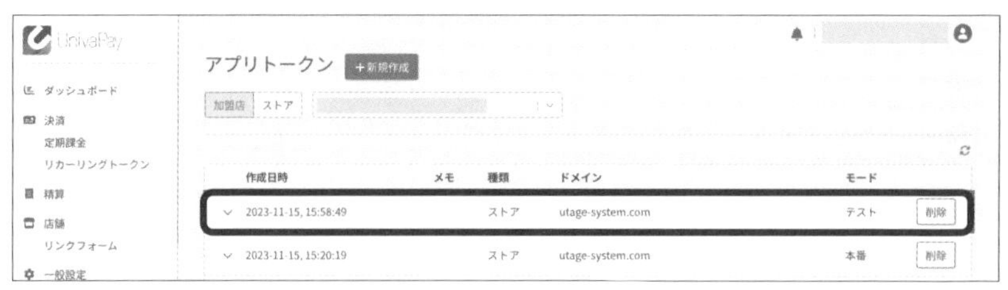

UnivaPay（新システム）管理画面7

⓫UTAGEの画面に戻り、「UnivaPay（新システム）連携設定」のすべての入力が完了したら、「保存」ボタンを押します。

ウェブフックを設定する

次はUnivaPay管理画面でウェブフックの設定を行っていきます。ウェブフックとは、アプリケーションの更新情報を他のアプリケーションへリアルタイム提供する仕組みのことです。

❶UTAGEのUnivaPay（新システム）連携設定より「ウェブフック」をコピーします。

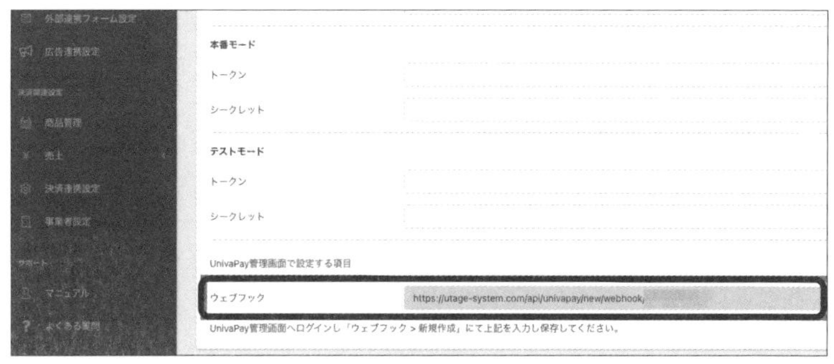

UTAGEのUnivaPay（新システム）連携設定画面

❷UnivaPay管理画面に戻り、左サイドパネルから「ウェブフック」を開き「＋新規追加」クリック。

UnivaPay（新システム）管理画面1

❸コピーしたウェブフックURLを入力します。

- 「利用店舗を指定する」にチェック。
- 「店舗」を指定する。
- 「トリガー」で全てを指定。
- 「作成」ボタンを押します。

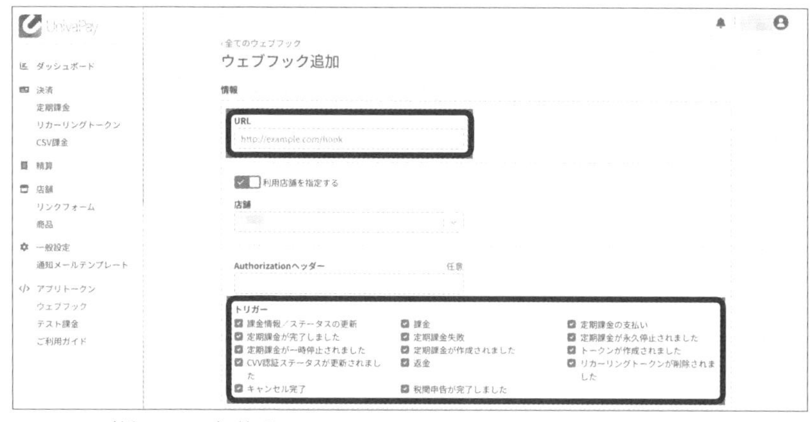

UnivaPay（新システム）管理画面2

事業者設定をする

ここでは、UTAGEで自動的に領収書や請求書を発行できるよう設定をしていきます。

❶UTAGEの左サイドパネル「事業者設定」を押し、「＋追加」ボタンをクリック。

UTAGEの事業者設定画面1

❷すべての欄に必要な情報を入力し、「保存」ボタンを押す。

以下の項目は、初期設定のままで大丈夫です。

- 「デフォルト設定」：する
- 「領収書自動送信」：送信する
- 「送信内容」：デフォルト（変更したい方はカスタムを選んでもOK）

※「送信者メールアドレス」は独自ドメイン設定が完了しているものを使用する。

UTAGEの事業者設定画面2

❸左サイドパネル「決済連携設定」を押し、画面下部の「振込先口座指定」を入力する。すべての入力が終わったら「保存」ボタンを押して完了です。

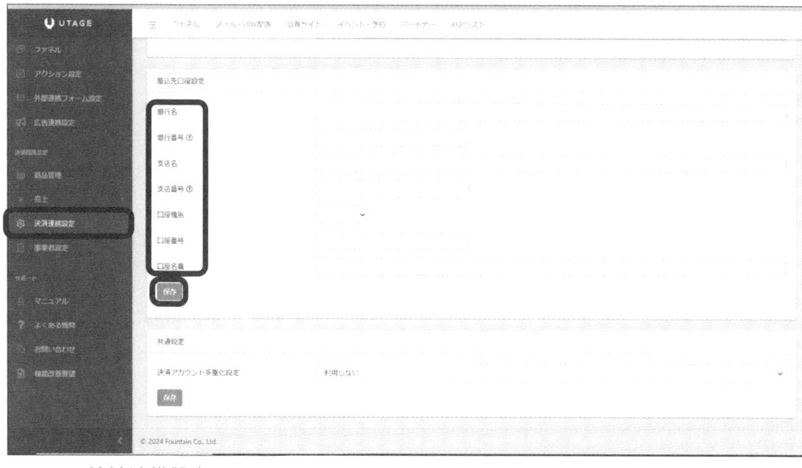

UTAGEの決済連携設定画面

SECTION

有料商品サービスを登録しよう

商品管理に有料商品サービスを登録することで、「ファネル」機能で作成されるページに追加した商品の決済を行うことができるようになります。

商品の追加方法

商品管理とはUTAGEのシステムにおいて決済可能な商品を管理する機能です。

商品管理で商品に追加することで、これから作成していくページで追加された商品の決済画面の設定が行えるようになります。つまり、お客様があなたの商品を購入するときの画面を作っていくことになりますので、間違いのないように作成していきましょう。重複購入を禁止する設定も可能です。お試し商品などに活用しましょう。

❶上メニューの【ファネル】をクリック後、左サイドパネルの「商品管理」をクリックし、「＋商品追加」ボタンを押す。

UTAGEの商品管理画面

❷基本設定にある「商品名」の欄に、自分でわかりやすい商品名を入力すれば完了です。

お客さんが目にする商品名そのものではないため、管理する上でわかりやすい名前（例：体験セッション、お試し商品など）を入力します。管理名称の中に価格の異なる商品など複数の商品ラインナップを作ることができます。

❸商品名を入力したら、「重複購入」を設定します。重複購入は、「許可する」か「禁止する」のいずれかを選びます。

「許可する」を選ぶと、過去に購入があったメールアドレスでも複数回購入することができます。

「禁止する」を選ぶと、過去に購入があったメールアドレスからの重複購入ができなくなります。例えば、一括での支払いから分割に変更するなど、過去の購入履歴と異なる購入方法でも重複購入はできません。

ただし、次項「重複購入の設定について」に詳述する通り、「禁止する」を選択した場合、同じ商品内に作った他の商品についても、過去に購入があったメールアドレスからの重複購入ができなくなります。重複購入の設定については、後述する補足も参考にしてください。

❹領収書設定で発行事業者から「デフォルト」か、2-5-4の「事業者設定」でカスタム設定したものを選択します。

❺設定が完了したら、「保存」ボタンを押します。メッセージとともに、追加された商品が「商品管理」ページに表示されます。

●重複購入の設定についての補足

UTAGEでは、ひとつの商品ページに「商品A」「商品B」というように、複数の商品を作成することができます。この場合、重複購入で「許可する」を設定した場合は、「商品A」「商品B」いずれの商品も過去に購入があったメールアドレスから何度も購入ができます。

　重複購入で「禁止する」を設定した場合は、「商品A」か「商品B」いずれか一方を過去に購入したことのあるメールアドレスからは、どちらの商品も購入することができなくなります。そのため、例えば、お試し商品を複数用意しておいて、どれか一つだけを購入してほしい場合には、有効な設定となります。いくつかのお試し商品を用意して、どれでも一回ずつの購入を可能にしたい場合は、一つの商品ページに複数のお試し商品を置くのではなく、それぞれのお試し商品のページに分けて作る必要があります。

　ただし、本設定はオーダーバンプ商品には適用されないため、重複購入は可能となります。

＜オーダーバンプとは＞

　決済が完了する前に、ついで買いを促し、1回の決済金額をひきあげること

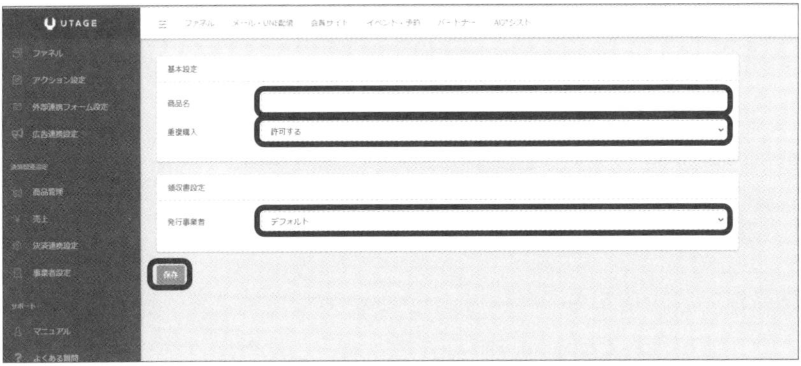

UTAGEの基本設定画面

商品詳細（価格ラインナップ）を設定する

UTAGEでは、前項で作成した管理名称の商品の中に、松竹梅といった価格差のある商品や、オーダーバンプ商品や一つの商品を支払い方法ごとに分けるなど複数の商品ラインナップを作ることができます。

❶メニューから【ファネル】＞左サイドパネルの「商品管理」をクリックし、「管理名簿」の箇所から設定したい商品をクリックする。

UTAGEの商品管理画面

❷「商品詳細（価格ラインナップ）」の「＋追加」をクリック。

UTAGEの商品詳細画面

❸各項目を入力・設定し「保存」ボタンを押す。

UTAGEの商品詳細画面

- **名称：**商品名を入力。例えば銀行振込で体験会を販売する場合であれば、「体験セッション銀行振込」など。
- **決済種別：**決済連携設定の機能で追加した連携先を選択
- **支払回数：**「一回払い」「複数回払い・分割払い」「継続課金」から選択。
- **金額：**商品金額を入力。
- **オーダーバンプ商品：**「通常商品（非オーダーバンプ商品）」「オーダーバンプ商品」から選択。例えば、今回はダウンセルとして売る場合ではなく、通常商品として売る場合を想定しているので、「通常商品（非オーダーバンプ商品）」を選択します。
- **連携フォームへの表示：**「表示する」「表示しない」より選択。

  「表示しない」：アーカイブの状態となります。（価格変更した場合など決済済みの顧客がいて商品自体は残しておく必要があるものの、フォームに表示させたくない場合）

  「表示する」：ページに商品を連携した際に「商品名」「価格」の表記内容を設定可能。
- **販売期間を指定する：**チェックを入れると販売期間を指定することができます。
- **領収書の品名：**領収書に入れたい商品名を入力します。入力しない場合は、名称が品名として表示されます。

支払方法で「クレジットカード払い」か「銀行振込」かのどちらを選ぶかで以降の画面が異なります。

●支払方法で「クレジットカード払い」を選んだ場合

❶「購入後の動作設定」を行います。

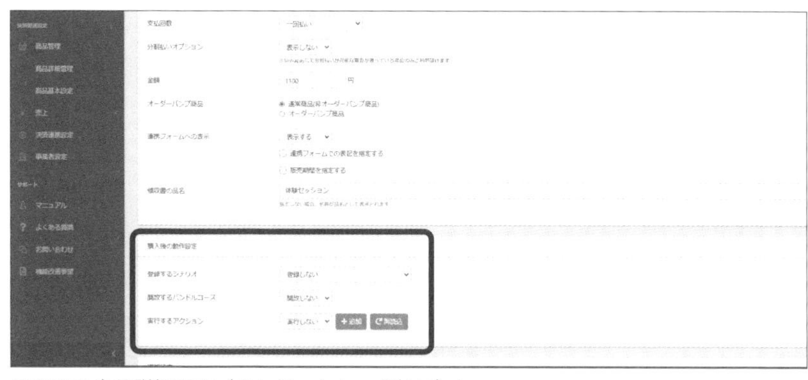

UTAGEの商品詳細画面（クレジットカード払い）1

❷登録するシナリオを選択します。

ステップメールや会員サイトを表示させたいなど購入後のアクションを設定したい場合は、シナリオを登録します。決済のみを行う場合は、「登録しない」を選択します。

設定できたら、「保存」をクリック

❸「通知設定」に以下の情報を入力します。

- **通知先メールアドレス：**普段使っているメールアドレスを入力します。複数メールアドレスに通知する場合、カンマ区切りで入力します。
- **通知内容：**「デフォルト」か「カスタム」のいずれかを選択します。特にこだわりがなければ、「デフォルト」で問題ありません。

❹設定が完了したら、「保存」ボタンを押します。

●支払方法で「銀行振込」を選んだ場合

❶「申込後の動作設定」を行います。

UTAGEの商品詳細画面（銀行振込）1

❷登録するシナリオを選択します。

ステップメールや会員サイトを表示させたいなど購入後のアクションを設定したい場合は、シナリオを登録します。決済のみを行う場合は、「登録しない」を選択します。

UTAGEの商品詳細画面（銀行振込）2

❸「メール自動送信」は「送信する」を選択します。以下の情報を入力します。

- 送信者名
- 送信者メールアドレス：メールアドレスは、独自ドメインのもので迷惑メール対策の設定をしたものを使用してください。
- 送信内容：「デフォルト」か「カスタム」のいずれかを選択できますが、特にこだわりがなければ、「デフォルト」で問題ありません。

❹「入金反映後の動作設定」を行います。

UTAGEの商品詳細画面（銀行振込）3

❺入金反映後にアクションを設定したい場合は、シナリオを登録します。決済のみを行う場合は、「登録しない」を選択します。

UTAGEの商品詳細画面（銀行振込）4

❻「支払い期限の設定」について、以下の内容を設定します。

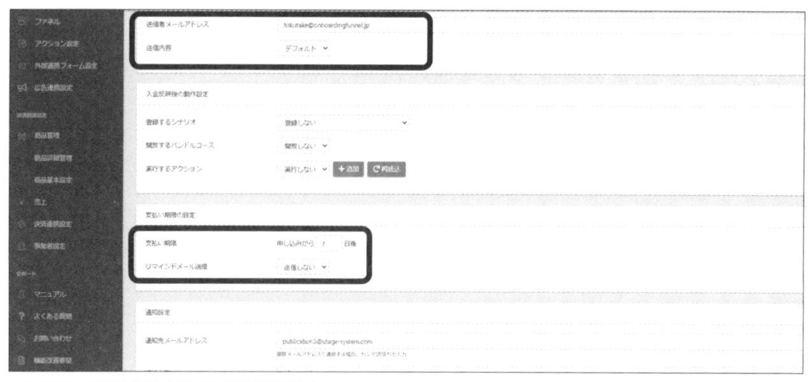

UTAGEの商品詳細画面（銀行振込）5

- **支払い期限：**申し込みから何日後にするかを入力します。
- **リマインドメール送信：**「送信する」か「送信しない」を選択します。
- **送信者メールアドレス：**メールアドレスは、独自ドメインのもので迷惑メール対策の設定をしたものを使用してください。
- **送信内容：**「デフォルト」か「カスタム」のいずれかを選択します。特にこだわりがなければ、「デフォルト」で問題ありません。
- **送信のタイミング：**支払い締切の何日前にするのかを入力します。

❼「通知設定」に以下の情報を入力します。

- 通知先メールアドレス：普段使っているメールアドレスを入力します。複数メールアドレスに通知する場合、カンマ区切りで入力します。
- 通知内容：「デフォルト」か「カスタム」のいずれかを選択します。細かく内訳を置き換え文字で知りたいという方は「カスタム」でもいいのですが、基本的には「デフォルト」で問題ないかと思います。

❽設定が完了したら、「保存」ボタンを押します。

銀行振込のリマインドメール送信は、お客さんが振り込みをしてくれたにも関わらずリマインドが送信される場合があるため、行き違いでメールが送信されてしまう可能性があるため、慎重に使用しましょう。そのようなリスクを避けたい場合は、「送信しない」を選択しておいて、手動で個別にリマインドメールを送るようにしましょう。

商品基本設定とは？

UTAGEでの商品追加後の重複購入を禁止する設定方法について解説します。

❶商品追加後の「基本設定」項目にある「重複購入」の欄で、「許可する」「禁止する」のどちらか好きな方を選びます。

「禁止する」の場合、過去に購入があったメールアドレスからの重複購入ができなくなります。領収書設定にある「発行事業者」の欄は、基本「デフォルト」のまま、「保存」ボタンを押せばOKです。

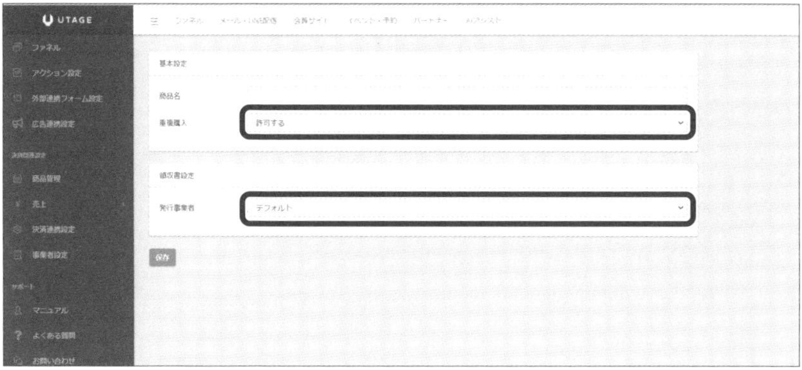

UTAGEの基本設定画面

商品を非表示にする方法

一度作った商品を一旦は取り下げたいけれども、将来的にまた取り扱うかもしれないので取っておきたいという場合、「商品管理」一覧から非表示にし「アーカイブ済」に商品を移動させることができます。「アーカイブ済」はいつでも確認でき、解除して「商品管理」一覧に戻すこともできます。

❶上メニュー【ファネル】＞左サイドパネル「商品管理」をクリックします。

UTAGEの商品管理画面1

❷アーカイブしたい商品の「⋮」メニューより「アーカイブ（非表示化）」をクリック。

UTAGEの商品管理画面2

❸メッセージが表示されれば、アーカイブ完了です。

UTAGEの商品管理画面3

❹「商品管理」の隣にある「アーカイブ済」タブをクリックすると、アーカイブした商品が確認できます。

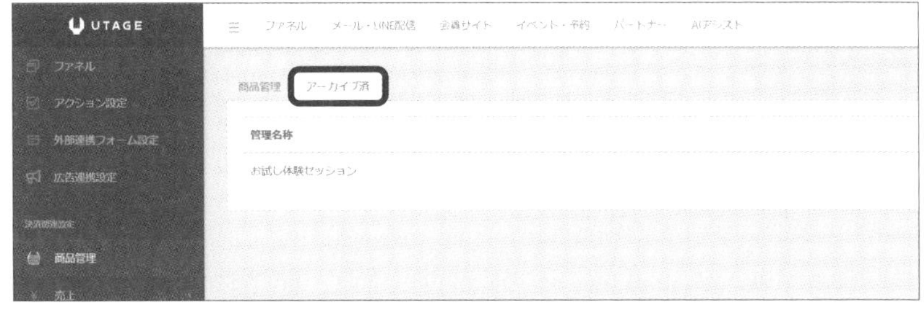

UTAGEのアーカイブ済画面1

❺アーカイブを解除するには、「アーカイブ済」一覧から解除したい商品の「⋮」メニューの「アーカイブを解除」をクリックするだけです。

UTAGEのアーカイブ済画面2

●「商品詳細」の商品を非表示にする場合

商品詳細に作った複数商品（例えば、「クレジットカード払い」と「銀行振込」）のうち、「銀行振込」の方を取り下げたいといった場合の手順は以下の通りです。

❶商品詳細の画面の「連携フォームへの表示」を「表示しない」に変更して、「保存」ボタンを押します。

UTAGEの商品詳細画面（銀行振込）1

❷「保存しました」のメッセージが表示され、商品詳細が非表示の設定になります。

UTAGEの商品詳細画面（銀行振込）2

❸元に戻したい場合は、商品詳細画面の「連携フォームへの表示」を「表示する」に変更して保存します。

オーダーバンプ（追加注文）の設定方法

オーダーバンプ（追加注文）とは、注文確定前にメイン商品とは別の商品を追加注文できる機能です。

メインの商品とはまた別の商品をセットで販売することで、顧客単価の向上が期待できます。

❶上メニューの【ファネル】＞左サイドパネルから「商品管理」＞「＋商品追加」をクリックする。

❷「商品名」の欄にオーダーバンプ用の商品名を入力して、「保存」ボタンを押す。

UTAGEの基本設定画面

❸「商品管理」から先ほど登録したオーダーバンプ用の商品をクリック。

❹「商品詳細（価格ラインナップ）」の「＋追加」ボタンを押す。

❺各項目を入力・設定し、「オーダーバンプ商品」にチェックを入れ、「保存」ボタンを押す。

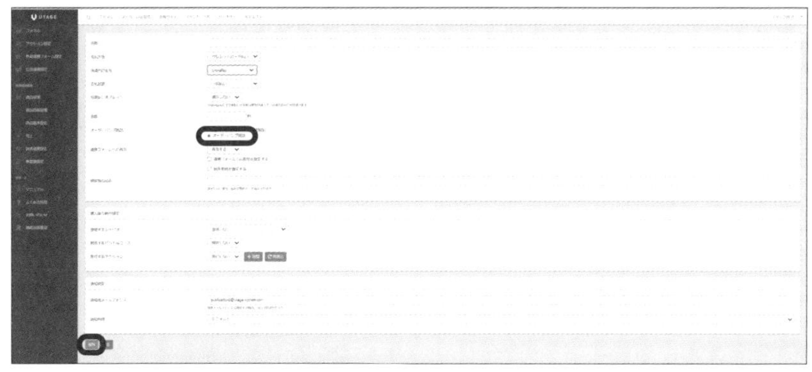

UTAGEの商品詳細画面

❻商品詳細（価格ラインナップ）に通常商品、オーダーバンプ商品が表示される。

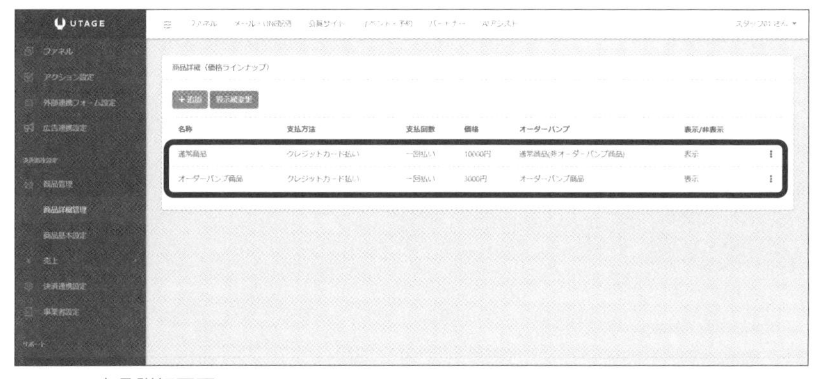

UTAGEの商品詳細画面

❼作成した商品をファネルへ連携する（4章で詳しく解説します）と、オーダーバンプに設定した商品が表示されるようになります。

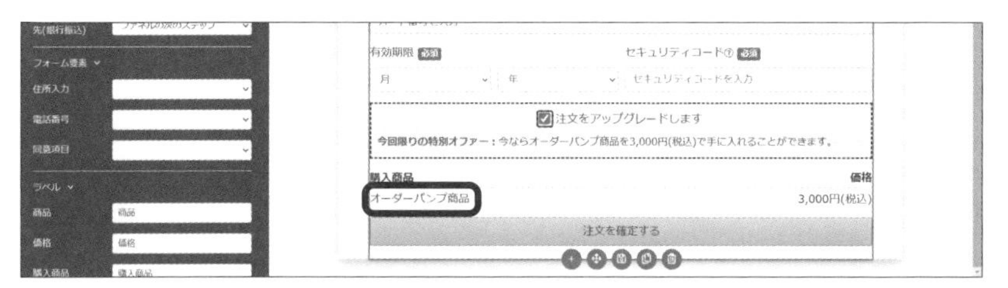

CHAPTER
3

マーケティングフローを理解する

3

SECTION

リストを制する者がビジネスを制す

**成功する起業家は「リスト増やし」の大切さをわかっています。ビジネスとはリスト増やしであると言っても過言ではありません。
ここではまず、リストの大切さを理解しましょう。**

顧客リストを増やすことが重要

多くの個人起業家を支援してきて売上を作れている方に共通しているのは、顧客リストの重要性を理解してしっかり活用できているということです。この章では、売上を作る流れとしてマーケティングフローについて説明しますが、前提として意識していただきたいのが、この顧客リストとその活用についてです。

これは昔からも重要視されていたことです。江戸時代、火事が発生したとき、商人たちは真っ先に顧客名簿（大福帳）を井戸に投げ入れ、その後で自分の身を守るために逃げ出したという話があるほど。現代においてもビジネスをする上で顧客リストの重要性に変わりはありません。顧客リストを集め活用することは、具体的に次のようなメリットがあります。

●より売れる商品・サービスが作れるようになる。

顧客リストを集める際、アンケートをいれることで、見込み客が本当に解決したい具体的な課題や悩みを知ることができます。これにより、顧客が何を求めているのか、どのような問題を解決したいのかを明確に理解でき、自分の商品サービスと合っているか？の答え合わせができます。

●恐怖のLINEアカバン対策になる

開封率が断トツのLINE公式アカウント。そのデメリットは何と言っても何の前触れもないサービスの停止、いわゆるアカウントバン（停止の意）です。しかし顧客リストを獲得する際、LINEの他にメールアドレス（電話番号、住所など）をリストとして取得しておくことで見込み客とのコミュニケーションが途絶えてしまうリスクを大幅に減らすことができます。

●ビジネスの迅速な再開ができる

アカバンや一時的にビジネスが苦境に陥った場合でも、顧客リストがあれば、既存の顧客に直接アプローチすることで、再びビジネスを軌道に乗せるための時間を短縮できます。新たな顧客を開拓する広告費のコストや労力を使わずに効率的に売上を回復させることができます。

●新商品・サービスの告知が0円でできる

新商品やサービスをリリースする際、顧客リストを活用することで、0円でいち早く顧客に情報を届けられます。新規の企画を告知するたびに、新規顧客を開拓していてはコストも時間もかかりすぎます。リストを活用することであなたのマーケティングコストを削減し、迅速に売上を向上させることができます。

しっかりと売上を作れている方はリストの活用がうまいです。例えば、一度、獲得したLINEやメールアドレスなどのリストに対して、1ヶ月おき位に個別相談会の案内を繰り返しかけ続けています。

ビジネスはしつこいくらいリストを教育した人が勝てるようになっています。

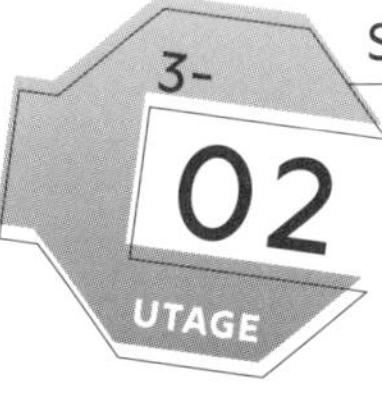

SECTION

マーケティングフローとは

マーケティングフローは、ビジネスをファネル（漏斗）で考える手法です。ファネルとは、集客から教育、そして販売・セールスまでの一連の流れを指します。

ビジネスはファネルで考える

ビジネスの成功率を大きく変えたければ、ビジネスを点ではなく線で捉えるとうまくいきます。ファネルを意識し、集客、教育、販売・セールスに流れを持たせましょう。

●そもそもファネルとは

ファネルは主に、集客から教育、そして販売・セールスの３つから成り立っています。

●集客

広告、Facebook・Instagramなどの無料SNS、YouTube・TikTok、ワードプレス・アメブロなどのブログを通じて、潜在顧客を呼び込む段階です。

●教育

メールマガジン、LINE、動画、PDFなどを通じて、顧客にあなたの手法の価値をわかってもらう段階です。例えば、「あなたが痩せない理由は筋トレや食事ではなく、モチベーションだった」というように、見込み客が信じている常識を破壊し、価値の転換を行い、顧客の理解を深める大事な場面です。

販売・セールス

個別相談やセミナーを通じて、本命商品を購入してもらう段階です。

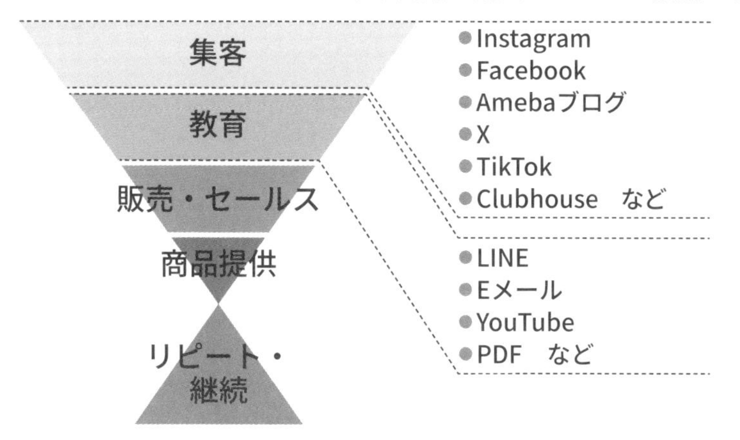

UTAGEでは、この流れを「ファネル機能」という機能で構築することができます。テンプレートを選択するだけで一連のLPが作れるのが特徴です。

なぜ教育が必要？

集客はできてもセールスがうまくいっていない人は、先ほどのファネルでいう「教育」ができていません。特に無形のサービスの場合、見込み客は商品やサービスの価値を直感的に理解することが難しい場合が多いです。集客しただけではすぐに購入に繋がることは少ないため、教育が必要になります。

見込み客は、ニーズや欲求の高さによって、大きく分けて「今すぐ客」と「まだまだ客」のタイプに分けられます。

今すぐ客

商品やサービスを今すぐにでも欲しいと思っている見込み客です。

● まだまだ客

商品やサービスが解決する悩みや課題に対して、まだ自分事として捉えてない見込み客です。

見込み客がみんな「今すぐ客」だったら売りやすいのですが、ある調査では「今すぐ客」は全体の5%にも満たないと言われています。つまり、残り95%「まだまだ客」の方が圧倒的に多いのが現状です。

また「今すぐ客」ばかりを狙っていては、潤沢な資金のある大手に負けてしまいます。そのため私達、個人起業家がやるべきことは「まだまだ客」が「今すぐ客」になるよう教育すること。そして、教育された「今すぐ客」にセールスをすることです。

ちなみに筆者が個別相談に来てもらうために意識している、顧客教育の主な要素は以下のとおりです。

● 常識の破壊をする

見込み客が信じているであろう常識を破壊して、新しい価値観を伝えます。そうすることで一気に見込み客の気持ちを動かし、相談したいという欲求を喚起します。

例：動画を３本見せるより１本に減らしたほうが、売上が上がる／３食、好きなものを食べたほうが痩せるetc

● 明るい未来を魅せる

見込み客にとって喉から手が出るほどほしい未来を、見込み客の脳内に入り切って伝えます。そんな未来が手に入るのだったら今すぐお金を払いたい、という欲求を湧き起こします。

例：たったの３週間でプロポーズされたら？／目線も合わせずスライドを読むだけで高額商品が売れたら？etc

悩みの代弁をしてあげる

見込み客の胸に溜まっている不満を代弁します。この人は私を理解してくれるに違いないと思ってもらい相談率を高めます。

例：インスタ・FBを毎日３投稿しLIVEもショート動画も投稿しているのにクレクレ君ばかり集まる…etc

登りやすい階段を用意する

どうやってその明るい未来に行けるのかをわかりやすく、登りやすい階段として提示し、自分にもできそうと思っていただきます。

例：STEP#1：最短60分後に予約が入る１本ウェビナーファネルを作る
STEP#2：１本ウェビナーファネルに最適な広告設計をする
STEP#3：１本ウェビナーファネルのPDCAを回し最速で億超えを目指す

繰り返しお伝えしているように、成約率を高めるためには、まず商品やサービスの価値を深く理解してもらうことが大切です。なぜなら事前に深く理解しておいてもらうことで、セールスの場では説明がほとんど不要な状態で商談を進めることが可能になるからです。

また、顧客に対して有益な情報を継続的に提供することで、強固な信頼関係を構築することができます。このような関係性の構築は、顧客生涯価値（LTV）の向上にもつながりますし、一度購入してくれた顧客がリピーターとなり、他の商品も購入してくれる可能性を高めることができます。さらに、教育を通じて顧客の価値観に働きかけることで、より高額な商品やサービスであっても成約しやすい環境を整えることができます。

SECTION 3-03 UTAGE

UTAGEのファネル機能とは？

ここからは、さっそくUTAGEを使ってこれまで説明したマーケティングファネルを構築していきます。構築では「ファネル機能」を使用します。

ファネルを図にする癖をつける

いきなりUTAGEを触る前に、まずは頭の中で流れがイメージできるようにしていきましょう。集客、教育、販売・セールスの流れは、ページとメール・LINEセットで考えるとより理解が深まります。メール・LINEについては「UTAGE実践マニュアル　メール・LINE編」で詳しく説明しているので省きますが、見込み客の道筋を図にしておき、そのファネルを育てていく意識を持つと売上は確実に上がっていくでしょう。

とは言っても、全てをファネルにする必要はありません。

UTAGEでは全てのページにファネルを使わないとできないと勘違いされるのですが、メール登録フォームやLINE登録、各種申込フォーム、予約フォームなどはファネル機能を使わずに単体で作れます。

●分岐という発想を持つとファネル上手になる

見込み客がここをクリックすると、これが閲覧できて、〇分動画を見るとボタンが出現して、予約ができるようになるなど、見込み客の行動によって流れを分岐するという発想を持つとファネル上手になっていきます。

●パーソナライズ化されたアプローチが売上を上げるコツ

起業する人が増えてライバルが多い現代では、その見込み客にとってより最適な状況を作り出すこと、つまりまるで個別対応のようなよりパーソナライズ化されたアプローチが売上を上げるのに役立ちます。UTAGEではアクションと言う機能で状況に応じてメール・LINEのシナリオを変えられるので、見込み客に最も有効なページを見せることで売上アップに貢献してくれます。

●ファネルの流れを図に整理すると売上が上がる

手書きで良いので見込み客がどういう流れで各ページやメール・LINEを進んでいくのかを図にしておくと頭が整理されて、より洗練されたファネルが作れるようになります。

ファネルを追加する方法

❶UTAGEにログインし、【ファネル】メニューを選択して、「+追加」ボタンを押します。

❷テンプレートから目的にあったページを選択します。まっさらな状態から作りたい場合は、「空白のファネル」を選択します。

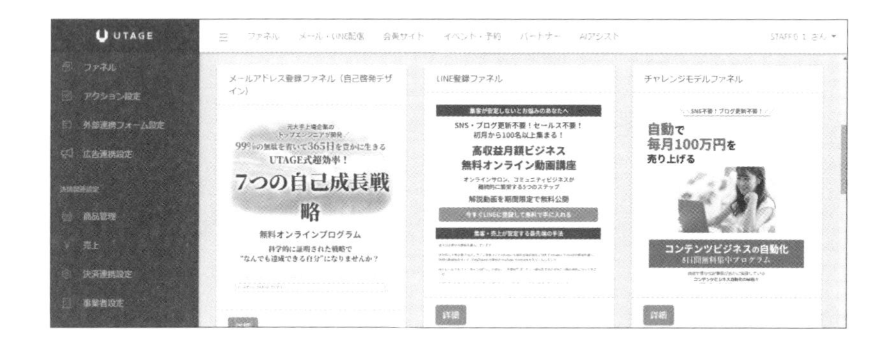

❸「詳細」ボタンをクリックし、ファネルの構成を確認します。この内容でよければ、「このファネルを追加する」ボタンを押します。

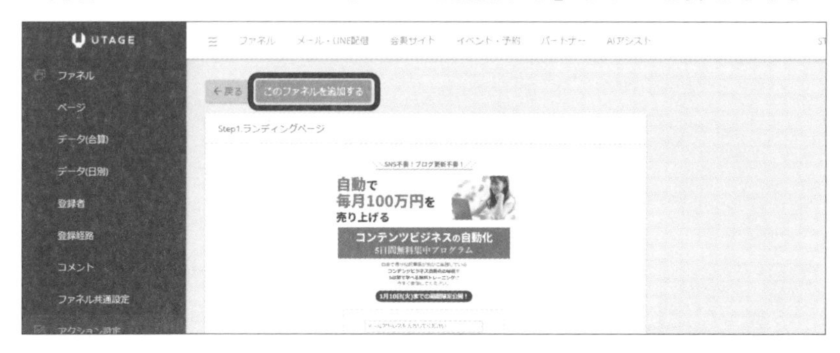

❹「このファネルを追加します。よろしいですか？」という確認ダイアログが開きますので「OK」を押すと、新たなファネルが未分類の欄に追加されます。

❺ページのデザインや中身を編集します。ファネル名をクリックすると、編集ボタンがあるので編集ボタンをクリックして進めてください。編集画面では、PCとスマホの表示確認もできます。編集を終えたら、「保存」ボタンを押します。

ファネル名を変える方法

ファネル名を変更する際の手順は、以下の通りです。

❶名前を変更したいファネルを選択して開きます。

❷左サイドバーメニューにある「ファネル共通設定」を押します。

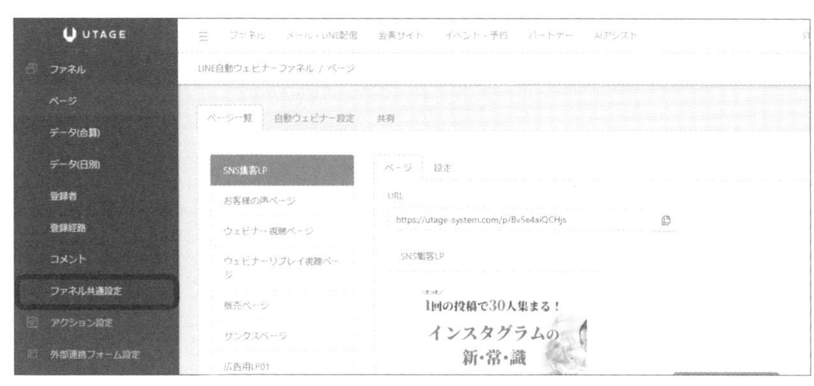

❸一番上にある「ファネル名」を変更します。

❹変更を終えたら、「保存」ボタンを押します。

ファネルを削除する方法

ファネルを削除する際の手順は、以下の通りです。

❶ 一覧の中から削除したいファネルの右端にある「⋮」を押して、「削除」を押します。

❷「削除します。よろしいですか？」という確認ダイアログが開きますので「OK」を押すと、ファネルが一覧から削除されます。

ファネルを非表示にする方法

一度作ったファネルを一旦は取り下げたいけれども、将来的にまた使うかもしれないので取っておきたいという場合、ファネル一覧から非表示にし「アーカイブ済」にファネルを移動させることができます。その手順は以下の通りです。

❶ファネルの一覧から非表示にしたいファネルの右端にある「⋮」ボタンを押して、「アーカイブ（非表示化）」を押します。

❷「アーカイブしました」のメッセージが表示されます。

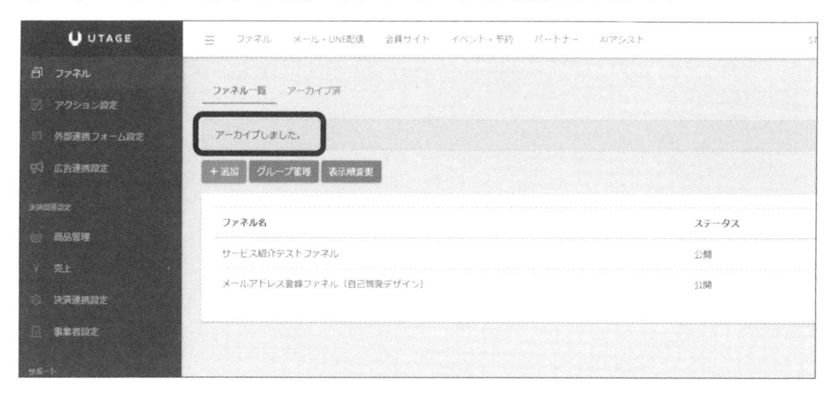

❸「ファネル一覧」タブの隣にある「アーカイブ済」のタブを開くと、「アーカイブ（非表示）」を選択したファネルが移動していることが確認できます。

❹非表示にしたファネルを一覧に戻したい場合は、「アーカイブ済」右端にある「⋮」ボタンを押して、「アーカイブを解除」を押します。

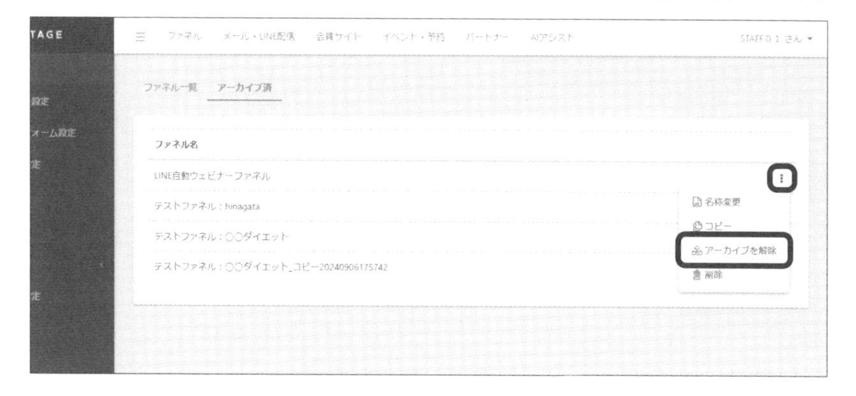

❺「アーカイブ解除しました」のメッセージが表示され、ファネルに一覧が戻ります。

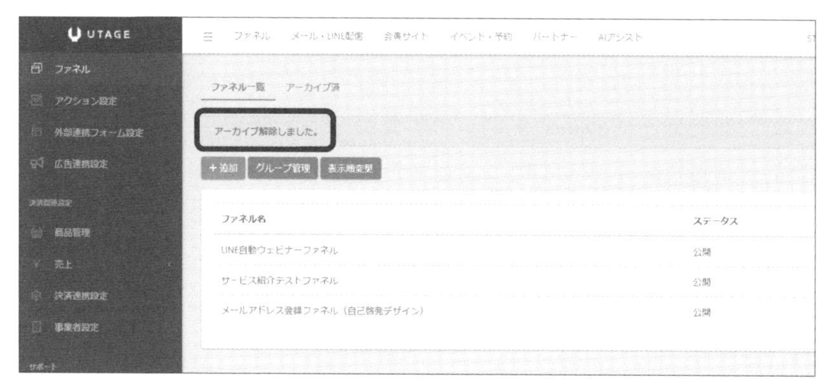

ファネルをグルーピングする方法

新しいファネルを作成した場合、すべて未分類に登録されます。未分類にあるファネルからいくつか関連するファネルをカテゴリごとにまとめて「グルーピング」することでファネル一覧が見やすくなり、作業もしやすくなります。ファネルをグルーピングする場合の手順は、以下の通りです。

❶ファネル一覧の上部にある「グループ管理」ボタンを押します。

❷開いた画面の「グループ追加」ボタンを押します。

❸名称にグループ名を入力して、「保存」ボタンを押します。

❹「追加しました」のメッセージが表示され、作成したグループが追加されます。

❺ 新しく作成したグループにファネルを移したい場合は、ファネル一覧上部にある「表示順変更」のボタンを押します。

❻ファネルを左クリックで選ぶとドラッグして移動させることができます。移したいグループのところでドロップ（左クリックを離す）します。

❼移動が完了したら、「表示順保存」ボタンを押します。

❽「更新しました」のメッセージが表示され、ファネルが別のグループに移動します。

ファネルの表示順を変える方法

前述のファネルをグルーピングするときと同じ要領で、ファネル一覧上部にある「表示順変更」のボタンを押して、ファネルを左クリックでドラッグして移動させることができます。表示させたい位置でドロップすると表示順が変わります。

ファネルをコピーする方法

一度作成したファネルと同じものを用いたい場合は、ファネルをコピーすることができます。その手順は、以下の通りです。

❶ファネルの一覧からコピーしたいファネルの右端にある「⋮」ボタンを押して、「コピー」を押します。

❷「コピーしました」のメッセージが表示され、コピーしたファネルが、コピー元のファネルと同じグループ内の最下段に追加されます。

SECTION

用途別おすすめマーケティングフロー

次に、UTAGEのテンプレートを使って効率的にマーケティングフローを作る方法を紹介します。ここではよく使われているファネルを用途別でご紹介します。

見込み客のメールアドレスを取得したい場合

UTAGEの「メールアドレス登録ファネル」を活用することで、LPから効率的に顧客のメールアドレスを取得し、マーケティング活動の基盤を整えることができます。簡単な設定で始められるため、メールマーケティングの初心者でも取り組みやすいよう設計されています。ファネルの設定後は、定期的に成果を分析し、必要に応じて改善を行うことで、より効果的なメールマーケティングを実現できます。

それでは「メールアドレス登録ファネル」を作成していきましょう。

●メールアドレス登録ファネルの追加手順

❶UTAGEにログインし、【ファネル】メニューを選択して、「+追加」ボタンを押します。

❷テンプレート一覧から「メールアドレス登録ファネル」を選択します。通常のデザインのものと自己啓発デザインの2種類のうち、いずれかを選択します。

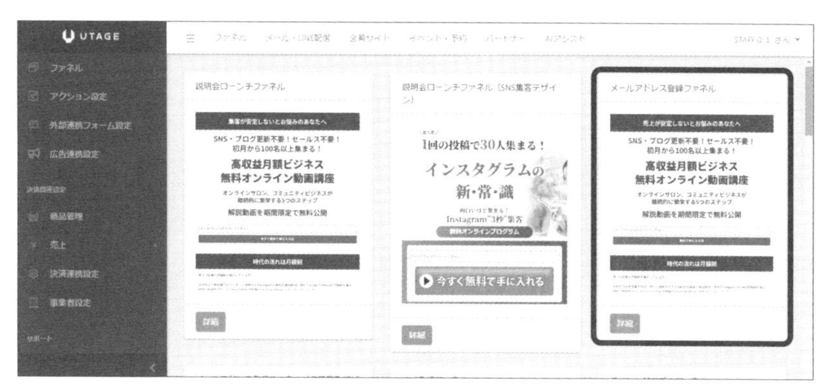

❸「詳細」ボタンを押して、ファネルの構成を確認します。
❹「このファネルを追加する」ボタンを押します。
❺「このファネルを追加します。よろしいですか？」という確認ダイアログが開きますので「OK」を押すと、「メールアドレス登録ファネル」が追加されます。
❻ 追加された「メールアドレス登録ファネル」を選択して開きます。ランディングページとサンクスページの「編集」ボタンを押して、それぞれの内容を編集します。
❼パソコン画面（PC）とスマートホン画面（SP）を切り替えて見え方を確認します。
❽編集を終えたら、「保存」ボタンを押します。

LINEの友達を増やしたい場合

UTAGEの「LINE登録ファネル」を活用することで、効率的にLINE公式アカウントの友達を増やし、LINEマーケティングの基盤を整えることができます。シンプルな構成ながら高い効果が期待できるため、LINE

マーケティングを始めたい方や強化したい方にとって非常に有用なツールです。ファネルの設定後は、定期的に成果を分析し、必要に応じて改善を行うことで、より効果的なLINEマーケティングを実現できます。

●LINE登録ファネルの追加手順

❶UTAGEにログインし、【ファネル】メニューから「+追加」ボタンを押します。

❷テンプレート一覧から「LINE登録ファネル」を選択します。

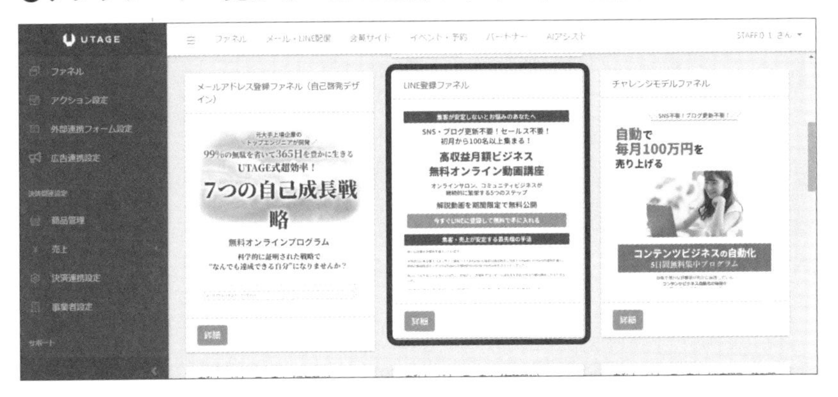

❸「詳細」ボタンをクリックし、ファネルの構成を確認します。この内容でよければ、「このファネルを追加する」ボタンを押します。

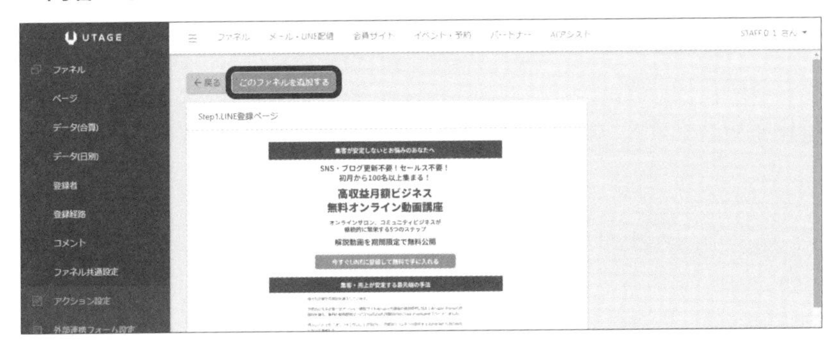

❹「このファネルを追加します。よろしいですか？」という確認ダイ

アログが開きますので「OK」を押すと、「LINE登録ファネル」が追加されます。

「LINE登録ファネル」は1枚のページのみで構成されており、「メールアドレス登録ファネル」にあったサンクスページがありません。LINEの場合、友達追加登録がされると、自動でLINEアプリが起動し、そこで友達追加のアクションが完結するためです。

説明会・セミナーに誘導したい場合

説明会やセミナーへの申し込みへ効果的に誘導するときに使う「説明会ローンチファネル」もあります。このファネルを活用することで、潜在顧客へ段階的に情報提供を行い、説明会やセミナーへの申し込みを促すことができます。

UTAGEの「説明会ローンチファネル」の特徴は、以下の通りです。

- 複数ステップの構成による顧客誘導（登録→LINE友達追加→動画視聴→申し込み）ができる
- SNS（とくにLINE）との連携ができる
- 段階的な情報提供によって、顧客との信頼が構築できる

❶UTAGEにログインし、【ファネル】一覧から「+追加」を選択します。
❷テンプレート一覧から「説明会ローンチファネル（SNS誘導デザイン）」を選択します。

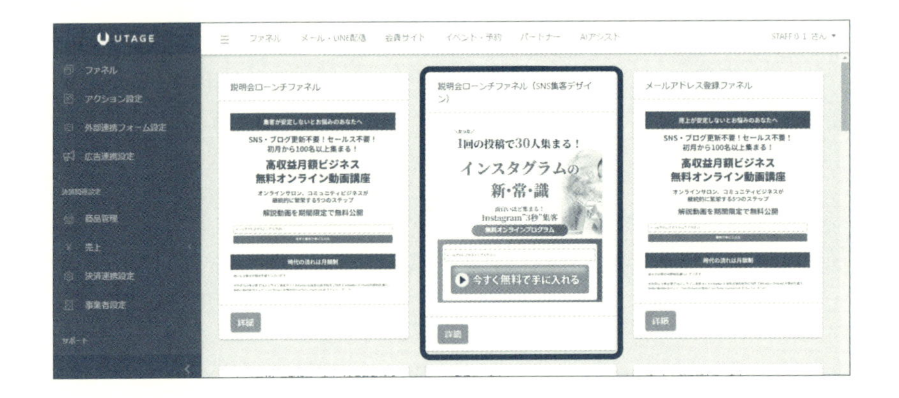

❸「詳細」ボタンをクリックし、ファネルの構成を確認します。この内容でよければ、「このファネルを追加する」ボタンを押します。

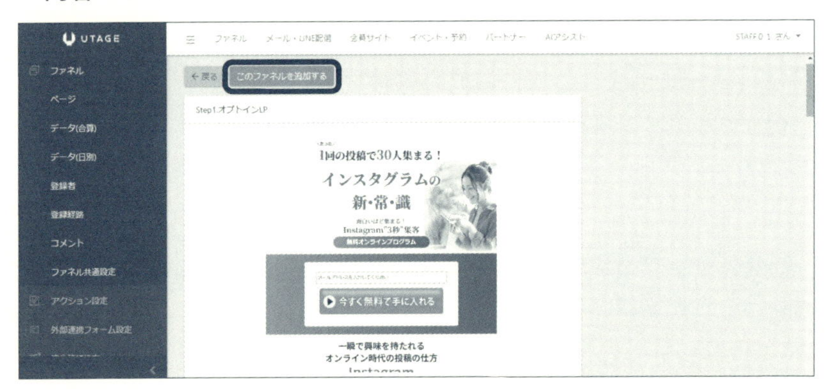

❹「このファネルを追加します。よろしいですか？」という確認ダイアログが開きますので「OK」を押すと、「説明会ローンチファネル（SNS誘導デザイン）」が追加されます。

説明会ローンチファネル（SNS誘導デザイン）のページ構成は、以下のようになっています。

- **SNS集客LP：**登録用のランディングページ
- **サンクスページ：**LINE友達追加への誘導ページ

- **動画ページ（3ページ）：** 動画1話から動画3話まで3つの動画ページがあります。各動画ページには次の動画や説明会ページへのボタンが設置されています。
- **説明会ページ：** 申し込みボタンとフォームが事前に設定されています。特典などを付けることも可能です。

チャレンジ企画をしたい場合

UTAGEでは、効果的なチャレンジ企画を実施するための「チャレンジモデルファネル」が用意されています。このファネルを活用することで、見込み客に小さな成功体験を提供し、個別相談や講座などの商品・サービスに誘導することができます。

●チャレンジ企画とは

チャレンジ企画は、自身のコンテンツの一部を切り取り、短期間で小さな成功体験を提供する企画です。以前であれば、有料級の情報を提供するようなセミナーを開催すれば集客できていましたが、昨今、それだけでは難しい場合があります。そこで、実際にダイエットなど短期間のチャレンジを見込み客に体験してもらうという企画を開催することで個別相談や講座などの商品・サービスへの成約につなげるためのものです。主な特徴は、以下の通りです。

- 通常1日～5日間程度の短期間での実施ができる
- 1回1～2時間程度のZoomライブを中心に価値提供を行うことができる
- 参加者に具体的なチャレンジ（例：短期間ダイエット）をしてもらえる
- 成功体験を通じて、本格的な講座やサービスへの興味を喚起させられる

●チャレンジモデルファネルの作成手順

❶UTAGEにログインし、【ファネル】一覧から「+追加」を選択します。

❷テンプレート一覧から「チャレンジモデルファネル」を選択します。

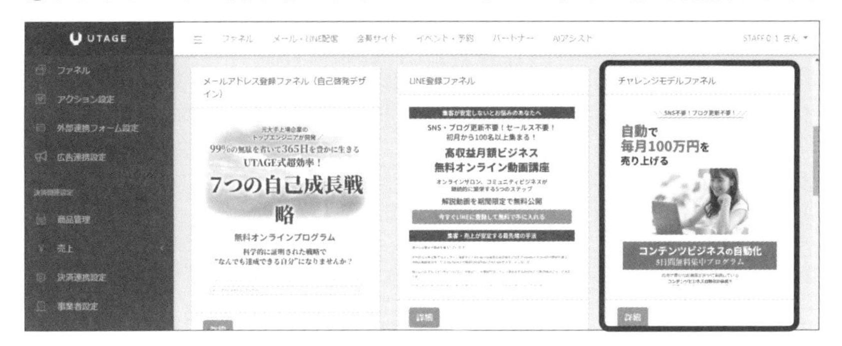

❸「詳細」ボタンを押して、「このファネルを追加する」ボタンを押します。

❹「このファネルを追加します。よろしいですか？」というメッセージが表示されますので、「OK」ボタンを押します。ファネルが一覧の最下段に追加されます。

チャレンジモデルファネルは、ランディングページとサンクスページ（LINE追加）で構成されています。テンプレートにある文章を参考に中身を編集します。

ランディングページには、以下のような内容を記載します。

- ヘッダー、申し込みボタン
- チャレンジの特徴・内容、スケジュール、主催者プロフィール

サンクスページ（LINE追加）には、以下のような内容を記載します。

- メール登録後の重要なお知らせを表示
- 動画によるお礼メッセージや追加情報の提供
- LINEオープンチャットへの誘導

チャレンジ企画では、参加者同士のコミュニケーションの場として、LINEオープンチャットを使います。LINEオープンチャットは、招待者のみが参加できるクローズドなグループであるため、参加者が他の参加者のコメントを見ることで相互にモチベーションを向上させることができます。Zoomライブへの参加率が上がるので、企画を盛り上げることができます。

チャレンジモデルファネルを活用すると、参加者の積極的な行動を促し、高い成約率を実現できます。短期間で具体的な成果を体験してもらうことで、より大きなプログラムへの興味を喚起し、セミナーや個別相談への誘導を効果的に行うこともできるのです。

自動ウェビナーを流したい場合

指定した時刻に自動的にウェビナーを開催したい時は「自動ウェビナーファネル」機能を使用します。この機能を使用することで、録画した動画をリアルタイムで放送しているように見せることができます。また決められた時間にしかウェビナーを見ることができないように設定することで、視聴率を高める効果も期待できます。

自動ウェビナーの特徴は、以下の通りです。

- 視聴時刻を指定でき、限定感を演出できる
- 視聴者の行動を制限することで、積極的な参加を促進できる
- 複数の開催パターンに対応している

自動ウェビナーファネルの種類

UTAGEでは、以下の4種類の自動ウェビナーファネルが用意されています。

- **自動ウェビナーファネル（日毎開催）**：指定した時刻に開催したい場合
- **自動ウェビナーファネル（毎時開催）**：毎時間毎に開催したい場合
- **自動ウェビナーファネル（指定曜日・時刻開催）**：指定した曜日、時間に開催したい場合
- **LINE自動ウェビナーファネル**：LINE登録から自動ウェビナーを利用したい場合（毎日同時刻の開催が指定できます）

自動ウェビナーファネルの「日毎開催」「毎時開催「指定曜日・時刻開催」の3つは、メールから登録してもらい、自動ウェビナーを配信するタイプです。LINEから自動ウェビナーを配信したい場合は、LINE自動ウェビナーファネルを用います。

【注意】外部LPからメール登録した場合、UTAGEを使用していないため自動ウェビナー機能は動作しません。

●自動ウェビナーファネルの各ファネルタイプの特徴

1. 自動ウェビナーファネル（日毎開催）

- 指定した日時に開催したい場合に使う
- 1日に最大2回まで開催可能
- 「自動ウェビナー設定」から開催日、開催回数、配信時間を設定
- リプレイ配信の設定も可能

2. 自動ウェビナーファネル（毎時開催）

- 毎時間（13時、14時、15時など）自動的に開催したい場合に使う
- 「自動ウェビナー設定」からウェビナーの長さを設定
- 開催時間は自動的に毎時に設定される

3. 自動ウェビナーファネル（指定曜日・時刻開催）

- 特定の曜日・時刻に開催したい場合

- 「自動ウェビナー設定」から開催開始日、ウェビナー動画の長さ、開催日程の表示期間を設定できる
- 直近の日程のみ表示か、指定期間内の全日程表示かを選択可能

4. LINE自動ウェビナーファネル
- LINEと連携して自動ウェビナーを配信したい場合に使う
- LINE登録ボタンに連携するシナリオを設定できる
- 毎日同時刻に1日1〜2回の開催を設定可能

●自動ウェビナーファネルの作成手順

ここでは一番使い勝手の良い「自動ウェビナーファネル（指定曜日・時刻開催）」を例にとって説明をします。

❶UTAGEにログインし、【ファネル】一覧から「+追加」を選択します。
❷テンプレート一覧の「自動ウェビナーファネル（指定曜日・時刻開催）」を選択します。

❸「詳細」ボタンを押して、「このファネルを追加する」ボタンを押します。
❹「このファネルを追加します。よろしいですか？」というメッセージが表示されますので、「OK」ボタンを押します。ファネルが一覧

の最下段に追加されます。

●自動ウェビナーの開催タイミングを設定する方法

ページ一覧タグの隣にある「自動ウェビナー設定」で開催時間やタイミングを設定できます。

●開催周期について

開催周期では、「何曜日の何時」に自動ウェビナーを発動させるかを決められます。自動ウェビナーファネル（指定曜日・時刻開催）の場合は「指定した曜日・時刻に開催」が最初から設定されているのでそのままいじらなくて大丈夫です。

他の開催周期については、下記のようなバリエーションが用意されています。

- 「指定した時刻に開催」を選択した場合、開催日と1日の開催回数を設定します。開催日は、設定当日を含めて2日間の開催にしたい場合は、開催日を「0日後」から、「2日間」に設定します。
- 「毎時開催」を選択した場合は、選択するだけで１時間毎にウェビナーが開催されます。
- 「数分おきに開催」を選択した場合、10分毎～30分毎から選択します。
- 「毎日同時刻に開催」を選択した場合、1日の開催回数を設定します。

ウェビナー動画の長さを設定しよう

流したいウェビナー動画の時間を設定してください

日程選択形式を設定しよう

「指定した期間の日程から選択」の場合は、開催日を設定することで何日から何日分の日程を見せるのかという設定になります。設定当日を含める場合は、0日後と設定します。

何曜日の何時から何時までのウェビナーとなるのか、自由に設定できます。

「直近の日程のみ表示」は、決めた開催日のうち直前の日程を１つだけ表示させせたい場合に選択します。

リプレイ配信日数を設定しよう

見逃した場合にリプレイ配信できる日数を選択します。

チャット機能：「利用する」、「利用しない」を選択します。

動画タイプUTAGEのみで利用可能です。

自動ウェビナーファネルの基本構成と設定内容

自動ウェビナーファネルの基本構成は、メールアドレス登録ページ、サンクスページ、ウェビナー視聴ページ、説明会募集ページの順になっています。

1. メールアドレス登録ページ

メールアドレス登録ページでは、以下のような内容を設定します。

- ウェビナーの説明、開催日時、連携する登録フォーム

このテンプレートでは、登録ページに挨拶動画を挿入できます。

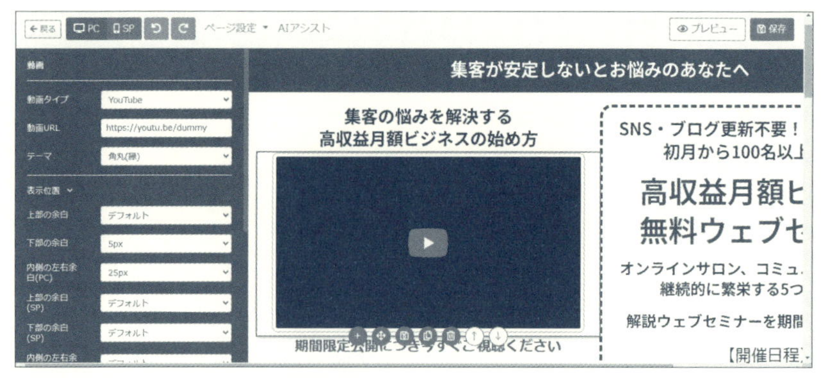

メールアドレス登録ページの動画設定

次回開催までのカウントダウンタイマーが設定されています。

メールアドレス登録ページのウェビナーカウントダウンタイマー設定

参加できる次回以降のスケジュールが表示されます。

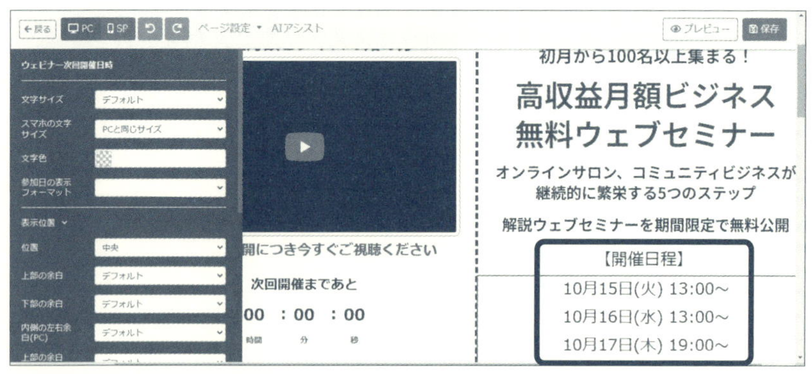

ウェビナー登録ページの次回開催日時表示

2. サンクスページ

- 登録後の確認ページ、開催日時の表示

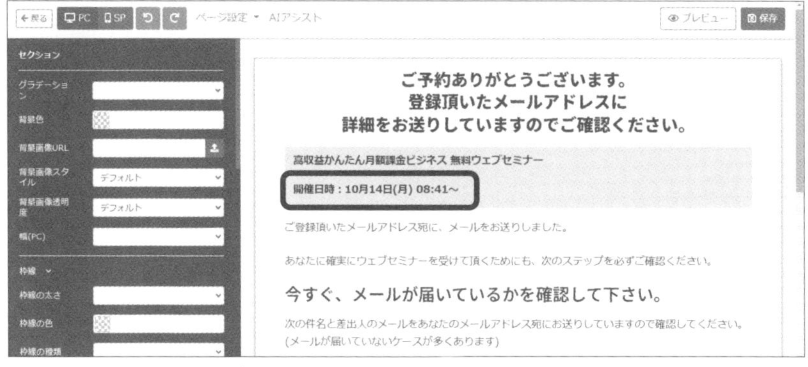

サンクスページの開催日時表示

3. ウェビナー視聴ページ

- 指定時間になると自動的に動画が再生
- 動画終了後、自動的にCTAボタンを表示

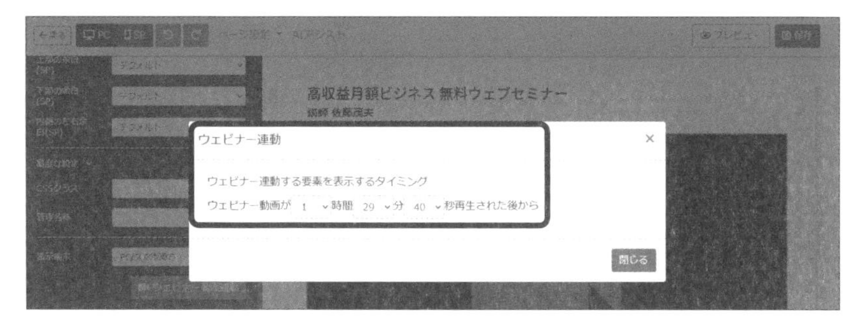

ウェビナー視聴ページの編集画面から動画の要素を選択すると、左サイドパネルにある「ウェビナー動画連動」から一定時間再生後にボタンを表示するように設定できます。これによって、動画を見ないで申し込みすることを防ぐことができます。

4. 説明会募集ページ

- ウェビナー後の次のステップ（セミナーや説明会など）への誘導に使用できます。

商品を販売したい場合

UTAGEでは、商品やサービスを簡単に販売できる「決済ページファネル」機能が用意されています。この機能を使用することで、クレジットカード決済や銀行振込での商品販売を容易に行うことができます。

決済ページファネルの特徴は、以下の通りです。

- クレジットカード決済と銀行振込に対応している
- 情報コンテンツ、本格的なサービス、個別相談などの販売に適用できる
- 領収書や請求書の自動発行機能がある

●決済ページファネルの種類

UTAGEでは、コンテンツ販売向けと作業会という2種類の決済ページファネルが用意されています。情報コンテンツやデジタル商品の販売には、「コンテンツ販売向け」を使用することをおススメします。

●決済ページファネルの作成手順

❶UTAGEにログインし、「ファネル」一覧から「+追加」を選択します。

❷ テンプレート一覧から「決済ページ（コンテンツ販売向け）」を選

択します。

❸「詳細」ボタンを押して、「このファネルを追加する」ボタンを押します。

❹「このファネルを追加します。よろしいですか？」というメッセージが表示されますので、「OK」ボタンを押します。ファネルが一覧の最下段に追加されます。

決済ページファネルの基本構成と設定内容

決済ページファネルは、「決済ページ」と「サンクスページ」で構成されています。各ページの設定内容は、以下の通りです。

1. 決済ページ

- 決済フォーム：

  あらかじめ登録した商品を「連携商品」で選択して設定します。

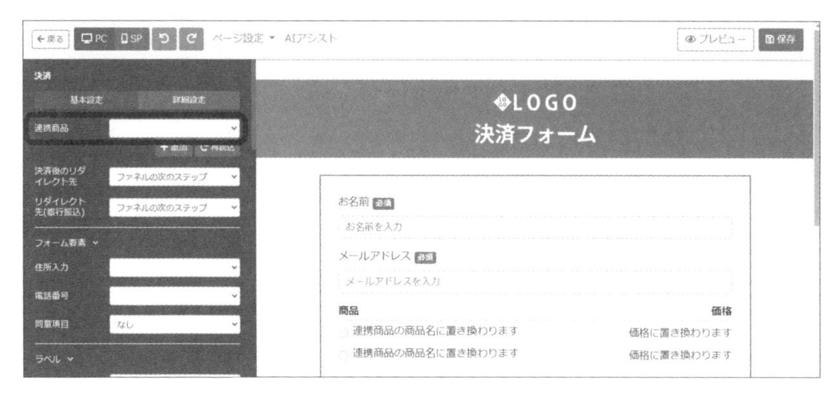

2. サンクスページ

- 決済完了後の確認および御礼のページ

SECTION

オリジナルファネルを作ろう

UTAGEでは素早くファネルを作るためのテンプレートが揃っていますが、独自の流れにしたい場合もあるでしょう。オリジナルファネルの作り方を解説します。

あなたの理想のファネルを作る方法

独自のファネルを作る場合、集客、教育、販売・セールスをどうしたいのかを決めると全体のイメージがまとめやすいです。

●ファネルの構造を思い出そう

まずは、ファネルの構造を思い出してください。ファネルとはお客様にサービスを買ってもらうための一連の流れのことでした。基本的には、1.集客フェーズ、2.教育フェーズ、3.販売・セールスフェーズという３つの流れになっています。つまり、その３つの段階でそれぞれ今のあなたのビジネスに合ったページを作れば、それがあなたの理想のファネルということになります。

●逆算してファネルの目的から考えよう

ファネルは見込み客にどんな行動をさせたいのかについて決めてから作ると作りやすいです。ただメール登録やLINE登録をさせるだけで良いのか、セミナー・個別相談の予約を取りたいのか、商品を販売したいのかなど、販売・セールスフェーズから決めてください。

●CTAを決めると作るべきファネルの中身が見える

メルマガ登録や説明会申込み、商品・サービスの購入など最終的に見込み客に取ってもらいたい行動のことをマーケティング用語でCTA（Call to Action＝コールトゥアクション）といいます。
CTAを決めると作るべきファネルの中身が見えてきます。

●部品化して考えよう

オリジナルファネルを作ろうとすると、あのファネルのこの視聴ページだけ使いたい、このページのこの特典の案内部分だけ使いたい、という要望が出てきます。
後述しますが、UTAGEにはページをコピーする機能や、ページ内の一部を「お気に入り」登録することで別のページで呼び出させる機能があります。もちろんイチから要素を作ることもできますのでそれらをうまく使ってあなたの理想的なファネルを作りましょう。

●全部をUTAGEで作らなくても良い

すべての流れをUTAGEで作る必要はありません。登録ページだけ作ってその先は、普段使っているLINE公式アカウントでお客様とやり取りをするなら、作るページはLINEの登録ページだけでも問題ありません。教育や販売は、公式LINEで直接お客様にメッセージを送ることで済みます。
UTAGEは自由にページを作れるのでその分やれることが多くて迷ってしまうかもしれませんが、必要最低限のページにしたほうが管理も楽ですし、お客様もたくさんのページを見なくて済むので、結果、販売数が伸びます。まずは最低限、ここだけ作りたいという方針で作っていき、慣れてきたらいろいろなファネルを作ってみましょう。

CTAを決めてからベースファネルを決める

販売フェーズとしてCTAをまず決めましょう。UTAGEには全くゼロからページを作れる「空白のファネル」も用意されていますが、やはり時間と労力を考えると用意されているテンプレートをベースにしてカスタマイズした方が楽です。

●CTAがメール・LINE登録の場合

ファネルを作る目的が取り敢えずメールアドレスやLINEを取得するだけで良い場合、例えば先に取得だけしておいて定期的なメールやLINE配信をしてまずはゆっくりとお客様との信頼関係を作りたい場合などは、「メールアドレス登録ファネル」／「メールアドレス登録ファネル（自己啓発デザイン）」／「LINE登録ファネル」を使いましょう。

この場合は、教育フェーズのLP、セミナーや商品購入の申込み用のLPも不要なのでシンプルなファネルになります。中身を書き換えるだけで出来上がるでしょう。

更にシンプルに作る場合は、ファネルという形にせず、メール・LINE編でお伝えしている【メール・LINE配信】機能を使ってメール登録フォーム単体、LINEのQRコードだけを見込み客に案内するという形でも構いません。

その後、登録直後に動画を見せたいとか、サービスを販売したいなどの要望が出てくれば、ファネルの中にページを増やせば問題ありません。

●CTAがセミナーや個別相談の申込みの場合

UTAGEには【イベント・予約】機能があります。この機能で予め「セミナー・説明会」／「個別相談」の選択、参加費が「無料」／「有料」の選択ができ、簡単に申込みフォームが作れます。

●申込みフォームを利用する場合

CTAとして、【イベント・予約】機能で作った申込みフォームを使う場合は、設定が最も簡単です。

「説明会ローンチファネル」か「説明会ローンチファネル（SNS集客

デザイン)」の申込みボタンの飛び先をその申込みフォームのリンクにするだけです。

リンクを貼るだけで設定は簡単なのですが、デメリットはリンクをクリックするという動作を見込み客にさせてしまうことです。

動作や画面の推移は少なければ少ないほど、見込み客の労力が減るので途中離脱が防げます。

●申込みフォームをページ内に埋め込む場合

ページ内に申込みフォームがあったほうが離脱率軽減につながります。「説明会ローンチファネル」か「説明会ローンチファネル(SNS集客デザイン)」の申込みボタンを削除して、代わりに申込み要素として「イベント・予約申込フォーム」を設置し、あらかじめ作っておいた予約フォームを呼び出すだけで埋め込みができます。

●CTAが商品購入の場合

セミナーや個別相談などスケジュールが決まっているものではなく、情報コンテンツやコンサルなどのサービスを商品として買ってもらいたい場合は、「決済ページ(コンテンツ販売向け)」が便利です。

●結局よく使うベースファネルは?

UTAGEで用意されているファネルの中で筆者がオススメするのは「説明会ローンチファネル(SNS集客デザイン)」です。

メール登録からサンクスページでLINE登録を促し、教育用の動画配信ページ、説明会ページとそろっているので、個別相談やセミナーを取るCTAならほぼそのまま使えますし、いらない部分は削除すればよいだけだからです。

販売・セールスフェーズの決め方

ではUTAGEで一連のファネルを作る場合、販売・セールスフェーズをコンテンツ販売にするのか、セミナーや個別相談の予約を取るのか、どのように決めればよいのでしょうか？

●コンサンプションセオリーを利用する

見込み客が商品やサービスに関する情報をどれだけ深く、長く接触するかによって、購買意欲が変化する理論をコンサンプション（消費）セオリーといいます。

高額な商品ほど、自分のコンテンツ（動画）を消費してもらう時間を長めに取ると成約しやすくなります。

●20〜30万円台までの商品はステップ配信＋セールスLPだけで売れる

筆者の経験則でいうと、20〜30万円台はメールやLINEのステップ配信＋セールス用のページだけで十分販売が可能です。

UTAGEで組む場合、販売・セールスフェーズは決済ページを用意するとよいでしょう。

●50万円以上の商品はセミナーまたは個別相談に誘導しよう

50万円以上の商品については、コンテンツ（動画）を最低でも45分〜60分消費させたうえでセミナーや個別相談会に誘導しましょう。UTAGEで組む場合、販売・セールスフェーズはセミナーや個別相談の申込みをしてもらうのがおすすめです。

また、セミナーの場合はセミナーの説明会ページを作り、予約フォームを埋め込むと離脱率が下がります。個別相談の場合は、教育フェーズで十分に教育されていれば、個別相談用の説明ページをわざわざ作らずとも予約フォームを案内するだけで十分予約申込を取ることが可能です。

教育フェーズの決め方

教育方法としては、メールやLINEによるステップ配信、説明用のLP、PDFなどの特典、動画配信などが一般的です。販売フェーズによって教育方法を変えましょう。

●決済フェーズがセールスLPでコンテンツを販売する場合

販売後、手離れの良い売り切りのコンテンツ商品や数千円〜数万円のコミュニティ加入などが販売フェーズの場合は、教育としてはメールやLINEによるステップ配信とその商品を説明するセールス用LPを用意することをおすすめします。さらにPDFや動画特典があるとなお良いでしょう。

UTAGEではセールス用のページの見本はテンプレートとしてはないので、「説明会ローンチファネル（SNS集客デザイン）」の説明会ページなどを流用すると良いでしょう。

●決済フェーズがセミナーまたは個別相談への予約の場合

1本の45–60分程度の動画を見せることをおすすめします。以前は3本、5本の動画を見せることが主流でしたが、コロナ以降は3本目まで見る人が減り、見込み客はいい意味で決断する時間が短くなっています。

そのため価値観や信念の変わる1本動画を作成し、それを視聴ページとして見せることで動画を見た直後に予約申込みを取ってもらうことは十分可能です。動画視聴ページは、「LINE自動ウェビナーファネル」のウェビナー視聴ページや、「説明会ローンチファネル（SNS集客デザイン）」の動画1話ページなどを使用すると良いでしょう。

集客フェーズの決め方

あなたのビジネスの集客活動は無料SNSですか、それとも広告ですか？　それによって集客フェーズの取るべき戦略が変わります。

●集客フェーズが無料SNSの場合

無料SNS投稿を通じて見込み客がある程度、ファン化され、DMでやり取りをしていて濃い見込み客になっている場合、なるべく短いルートであなたのセールスの場まで連れてきたほうが成約しやすいです。そのため、直接LINEでやり取りできる環境を素早く作るために、メール登録ページよりもLINE登録用のページを使いましょう。

UTAGEでのおすすめファネル名は『LINE登録ファネル』の「LINE登録ページ」です。

●集客フェーズが広告の場合

一方、広告を使う場合は、メール登録ページを使うことをおすすめします。万が一LINEがアカウント停止された場合、せっかくお金を払って見込み客を集めているのに顧客リストが消えてしまいます。そのため、メール登録ページでまずはメールアドレスを確実に取得しましょう。しかし読者の反応が良いのはLINEです。そのため登録直後のサンクスページで特典を用意し、特典を渡す代わりにLINEも登録してもらえれば、メールアドレスという保険もかけつつ、反応の良いLINEのリストも取れる形が完成します。

UTAGEでのおすすめファネル名は『メールアドレス登録ファネル（自己啓発デザイン）』（ランディングページ＋サンクスページ）です。

CHAPTER
4

LPを作成する

4

SECTION

LPページ作成の流れを知ろう

この章では、UTAGEを使ってLPを作る方法と追加したページの名前を変える方法、追加したページを削除する方法について解説します。実際に手を動かし、LPを作っていきましょう。

ページ一覧の管理方法

❶編集したいファネルを選び、ページ一覧画面にある「+追加」ボタンをクリックします。

❷新しいページの名称を入力します（例：「広告用LP01」など分かりやすい名前にします）。

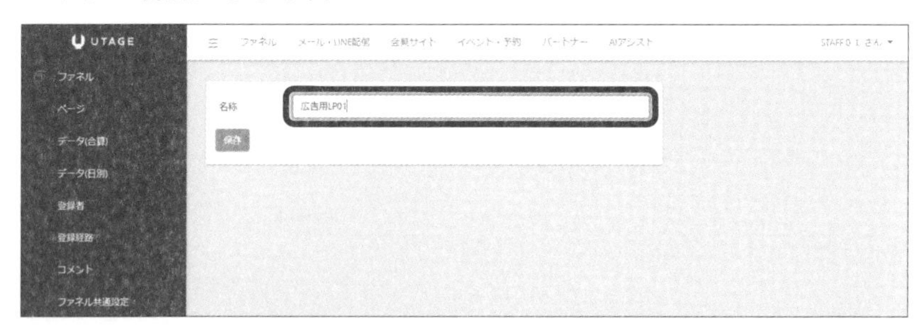

❸「保存」ボタンを押します。

❹「追加しました」のメッセージが表示され、ページ一覧に新しいページが一番下に追加されます。

次に、追加した新たなページ上で新しいLPを作ります。

新たなLPを作る方法として、テンプレートから追加する方法と作成したファネルから追加する方法の2つがあります。

● テンプレートから追加する方法

❶新たに追加したページの画面から「+ページ追加」ボタンを押します。

❷画面上部にある「テンプレートから追加」の方を選択します。

UTAGEでは、以下のようなLPのテンプレートがあらかじめ用意されています。

（テンプレートの一例）

- ランディングページ
- 動画視聴ページ
- 説明会募集ページ
- LINE登録ページ
- サンクスページ
- 決済ページ

これらの中から目的に合ったテンプレートを選びます。選択したいテンプレートの下方にある「+追加」ボタンを押します。

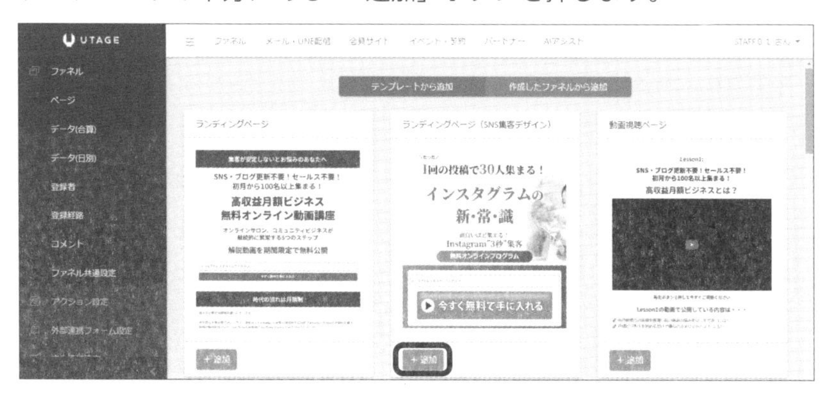

●作成したファネルから追加する方法

もう一つ、新たなLPを作る方法として、作成したファネルから追加する方法があります。以前に作ったファネルから内容を流用したい場合は、この方法を選択します。

❶新たに追加したページの画面から「作成したファネルから追加」のボタンを押します。
❷追加したいページが含まれているファネルを選択します。

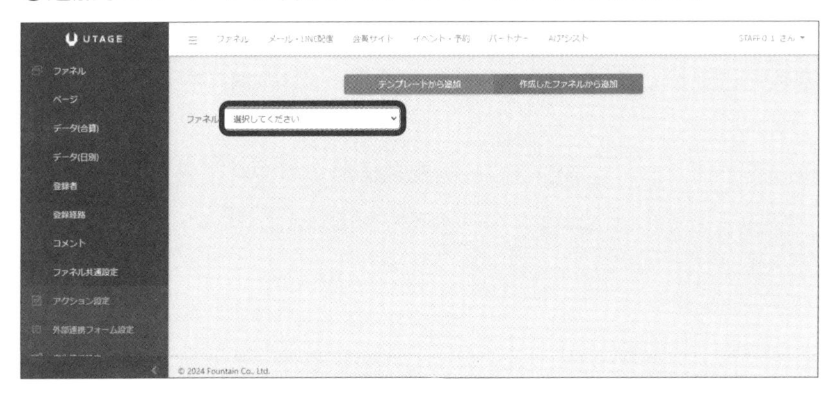

❸表示されたページ一覧から、追加したいページを選び、「+追加」ボタンを押します。
❹「このページを追加します。よろしいですか？」のメッセージが表示されるので、「OK」ボタンを押します。

1つ目のページを作成した後は、「+追加」ボタンがなくなり、「A/Bテストを作成」ボタンに変わります。2つ目以降のページを追加したい場合は、「A/Bテストを作成」ボタンを押して、同じ要領でLPを作成します。

追加したページの名前を変える方法

追加したページの名前を変更したい場合は、ページ一覧から該当のページを選択し、右画面の「ページ」タグの隣にある「設定」タグを開きます。

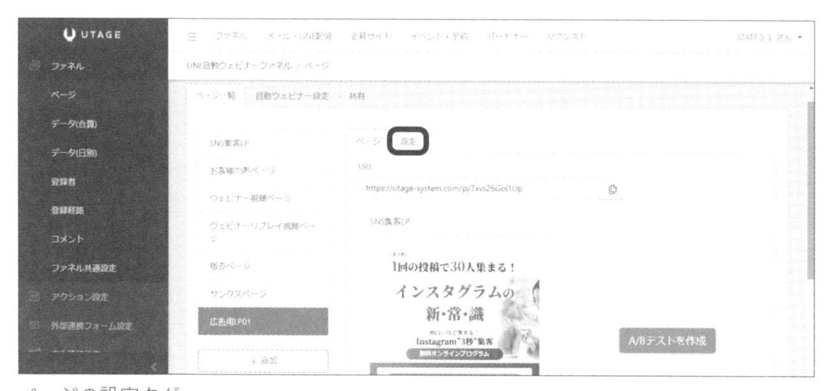

ページの設定タグ

名称欄にある名前を変更して、「保存」ボタンを押すと、名前が変わります。

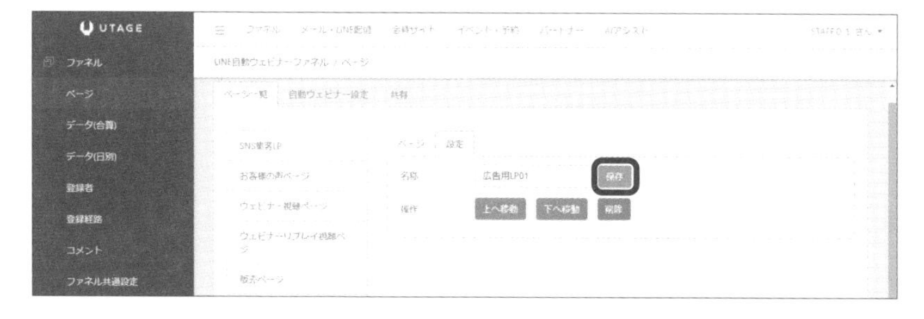

●追加したページを削除する方法

追加したページを削除したい場合は、ページ一覧から該当のページを選択し、先ほどと同じ要領で「設定」タグを開き、削除してください。

ページの管理方法

ここでは、ページ名の変更、ページの複製や削除など各種ページの管理方法について説明します。またUTAGEのページ管理機能を活用することで、簡単にA/Bテストを実施することができます。

●ページ名を変更する方法

❶ページ一覧から名前を変更したいページの右下にある「⋮」を押して、「管理名称変更」を選択します。

❷「管理名称」に変更したいページ名を入力して、「OK」ボタンを押します。わかりやすい名称に変更することで管理がしやすくなります。

❸「変更しました」のメッセージが表示されますので、「OK」ボタンを押すと、ページ名が変更されます。

●ページを複製する方法

❶ページ一覧の下方にある「A/Bテストを作成」ボタンを押します。

❷開いたダイアログから「ページをコピーして作成」を押すと、常にページ一覧の左上にあるページが複製されます。

❸ページ一覧の左上にあるページ以外のページを複製したい場合は、「A/Bテストを作成」を押した後に「新規にページを作成」ボタンを押します。

❹開いたページから「作成したファネルから追加」ボタンを押します。

❺コピーしたいページが入っているファネルを選択します。

❻表示されたページ一覧から、追加したいページを選び、「+追加」ボ

タンを押します。

❼「このページを追加します。よろしいですか？」のメッセージが表示されるので、「OK」ボタンを押すと、選んだページが複製されます。

●ページを削除する方法

❶ページ一覧から削除したいページの右下にある「⋮」を押して、「削除」を選択します。

❷「削除します。よろしいですか？」のメッセージが表示されるので、「OK」ボタンを押します。

❸「削除しました」のメッセージが表示され、ページが削除されます。

削除した後は、ページ一覧が最初の画面に戻ってしまうため、作業していたファネルに戻る場合は、もう一度選択し直します。

注意：削除したページは完全に消去されます。そのため、また使うかもしれないという場合は、削除ではなく、非表示にする方法をおススメします。

●ページを非表示にする方法

❶ページ一覧から非表示にしたいページの右下にある「⋮」を押して、「アーカイブ」を選択します。

❷「アーカイブしました」のメッセージが表示され、ページが一覧からなくなります。

❸アーカイブしたページを表示させたい場合は、「アーカイブ済みを表示」のチェックボックスにチェックを入れるとページ一覧に表示されます。

●共通URLについて

UTAGEでは、各ページにURLが付与されており、それぞれのページを個別に表示させたい場合は、各ページにあるURLを使用します。

一方、ページ一覧の上部にもURLがあり、これを「共通URL」と呼びます。

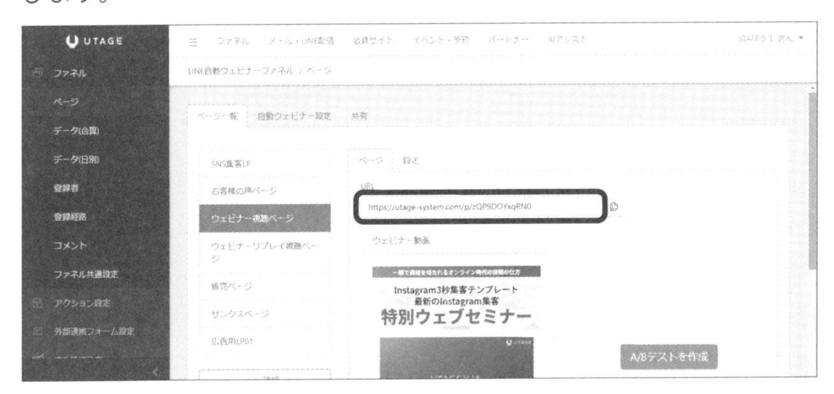

「共通URL」とは、A/Bテスト用のURLのことであり、「共通URL」を用いることで、ランダムにページを表示させることができます。例えば、ページ一覧に2ページある場合は、それぞれが2分の1の確率でランダムに表示されるようになります。3ページの場合であれば、同様に3分の1の確率で表示されるようになります。

このように、UTAGEでは、それぞれのページの文言や見せ方を少しずつ変えることで、どのページが顧客からの反応がよいのかを確かめられるA/Bテストを簡単に実施することができます。

●URLの編集について

独自ドメインの場合は、URLを適宜編集することができます。このURLは顧客がアクセスする際に目にするURLであるため、「present」など中身に合わせた文字を入力することをおススメします。

共通URLの編集方法は、以下の通りです。

❶共通URL欄の右横にある「編集ボタン（鉛筆アイコン）」を押すと、空欄が表示されるので、文字を入力して、「OK」ボタンを押します。

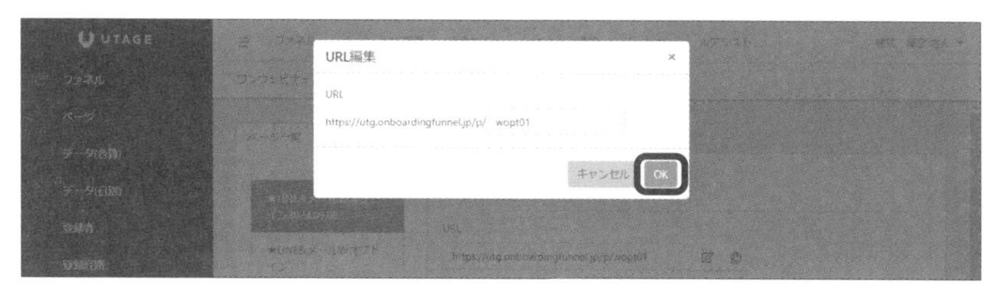

❷「変更しました」のメッセージが表示され、共通URLが変わります。

各ページのURLについても同様に「編集ボタン（鉛筆アイコン）」を押して、適宜URLを変更することができます。

●ページの編集とプレビュー方法

各ページは、「編集」ボタンを押すことで、編集画面に切り替わり、ページ内の内容を編集することができます。

ページの編集を終えたら、ページの「プレビュー」ボタンを押して、ページの実際の見え方を確認します。

ページの操作

UTAGEのページ編集画面は、直感的でとても使いやすく設計されています。PCとスマートフォンの両方の画面の見え方が確認でき、また変更の取り消しや再実行もボタン一つで操作が可能です。プレビュー機能を活用しながら編集を進めることで、高品質なランディングページを効率的に作成することができます。

ページ編集の方法は、以下の通りです。

❶編集したいLPを選択して、「編集」ボタンを押します。

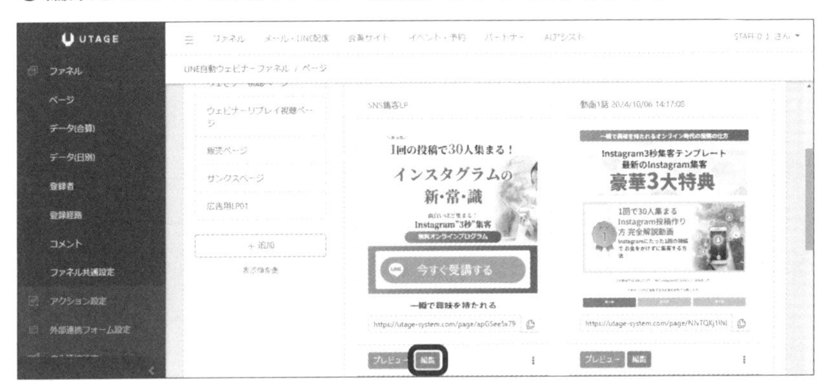

❷編集画面の上部のボタン一つで以下のような操作が可能です。

- **「PC」ボタン：**PC表示画面が確認できます。
- **「SP」ボタン：**スマートフォン表示画面が確認できます。
- **左回転アイコン：**直前の操作を取り消します（Undo、アンドゥ）。（編集画面では、パソコンのキーボードでCtrl+ZによるUndo操作は無効です。作業を間違えて元に戻したい場合は、このボタンを押します）

- **右回転アイコン**：取り消した操作をやり直します（Redo、リドゥ）。
- **「プレビュー」ボタン**：ページ全体の見え方が確認できます。
  このとき画面の表示サイズを変更すると、自動でスマートフォン表示画面に切り替わります。
- **「保存」ボタン**：編集したページを保存します。

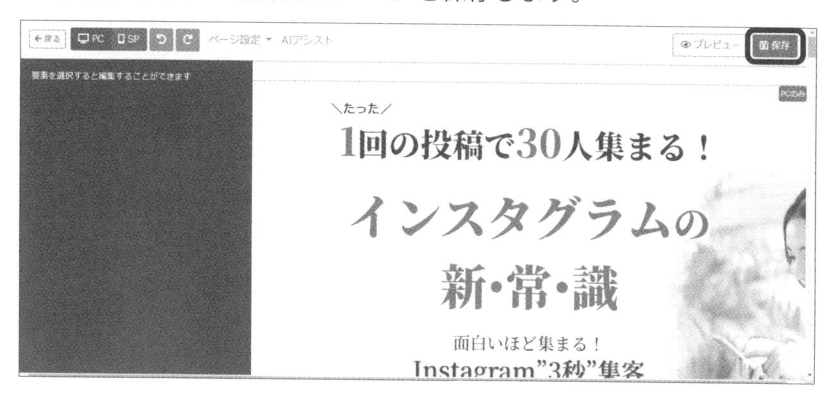

❸編集後のページを保存したら、「戻る」ボタンで編集前のページ一覧画面に戻ります。

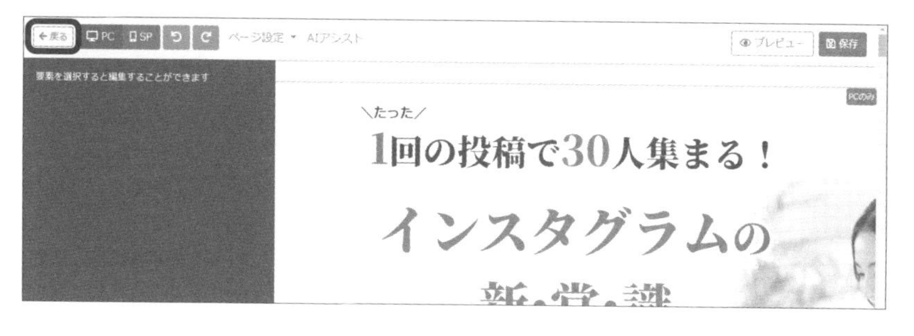

ページ設定で出来ること

ページ編集画面上部にある「ページ設定」からは、ページの名称やタイトル、デザインやポップアップ機能などの設定が行えます。

「ページ設定」から行える主な設定は、以下の通りです。

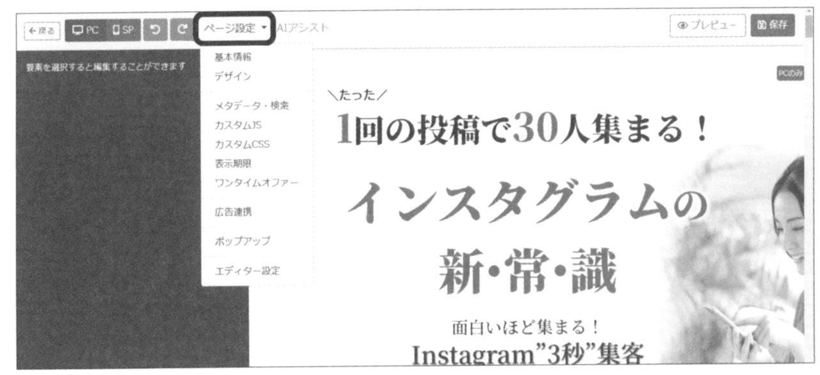

ページ設定

基本情報

- **管理名称：**内部管理用の名称であり、お客様には見えない名称となります。
- **ページタイトル：**こちらは、実際にお客様が目にするタイトルになります。ブラウザ上で表示されたり、LINEで送信した際に自動でページタイトルが表示されたりします。そのため、ページの内容を表したタイトルを付けておきましょう。

  編集後は、「保存」ボタンを押して画面を閉じます。

デザイン

- **ページ幅：**表示するページの幅を設定します。「100%」を選ぶと、切れ目なしに画面全体に表示されます。指定したピクセル（px）幅で表示することができます。設定後は、「保存」ボタンを押して画面を閉じます。

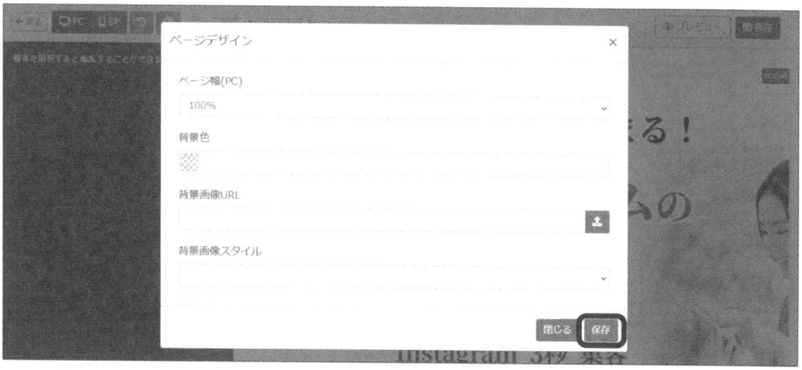

ページ幅

●表示期限

ページの表示期限を設定することができます。デフォルトでは「表示期限を設定しない」となっているので、表示期限を設定したい場合は、ここを「表示期限を設定する」に変更します。

表示期限の設定内容は、以下の通りです。

- **基準日：**「指定日」、「指定したファネルステップ登録日」、「アクセス元シナリオの配信基準日」、「ウェビナー視聴日」から選択ができます。「指定日」を選択すると、表示期限の日付を任意に設定することができます。

- **期限超過後の動作：**期限を過ぎた後に自動的に表示させるページを指定できます。「ファネルの最後のステップのページを表示」または「指定したページを表示」のいずれかを選択します。「指定したページを表示」を選択した場合は、「表示するページURL」の欄に表示させたいページのURLを入力します。

設定後は、「保存」ボタンを押して画面を閉じます。

表示期限

●ワンタイムオファー

ワンタイムオファー機能は、ページの表示回数を1回限りにしたい場合に設定します。デフォルトでは、ワンタイムオファーを指定しない設定となっているため、この機能を使用する場合は、「ワンタイムオファー（1回のみの表示制限）を指定する」を選択します。

「2回目以降のアクセス時」の欄に表示させたいページを指定します。「ファネルの最後のステップのページを表示」または「指定したページを表示」のいずれかを選択します。「指定したページを表示」を選択した場合は、「表示するページURL」の欄に表示させたいページのURLを入力します。

設定後は、「保存」ボタンを押して画面を閉じます。

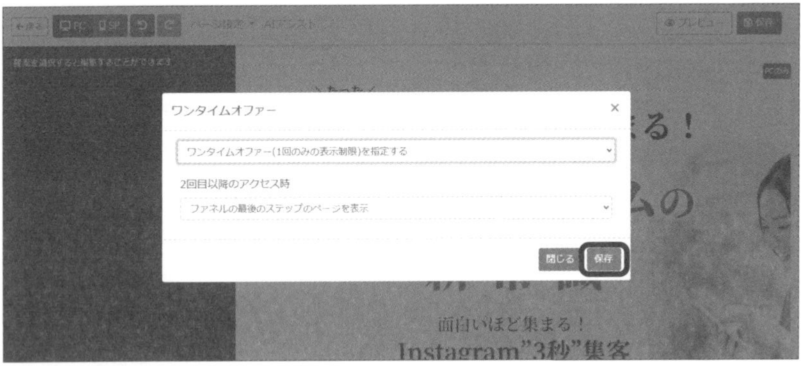

ワンタイムオファー

ポップアップ

　ポップアップとは、ボタンをクリックした際に表示されるウインドウのことで、例えば、メールアドレス登録の画面をポップアップで表示させるといった用途に活用します。

　ポップアップ機能の設定の仕方は、以下の通りです。

❶「ページ設定」のプルダウンメニューから「ポップアップ」を選択して、開いた画面から「利用しない」となっているところを「利用する」に変更します。

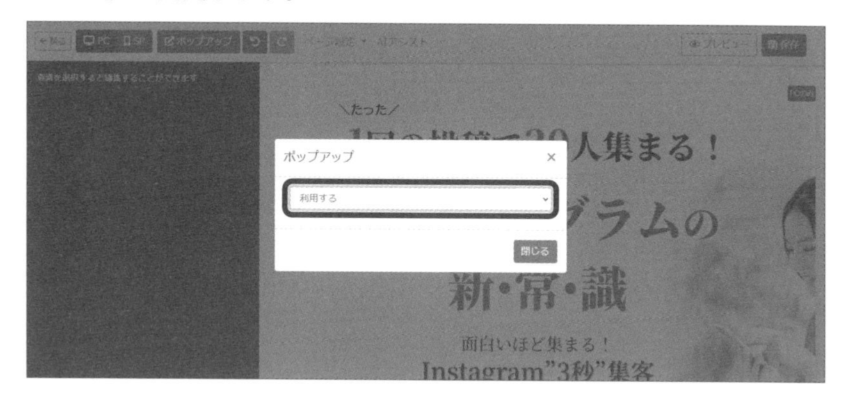

❷編集画面上部に「ポップアップ」というボタンが表示されます。

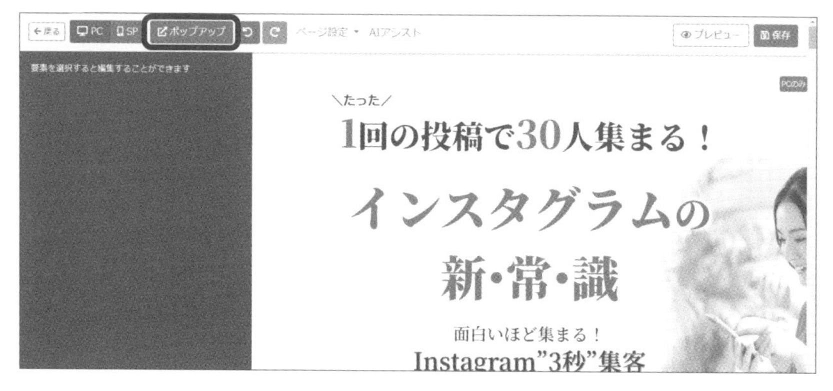

❸「ポップアップ」ボタンを押すと、ポップアップ画面の中身を作ることができるようになります。

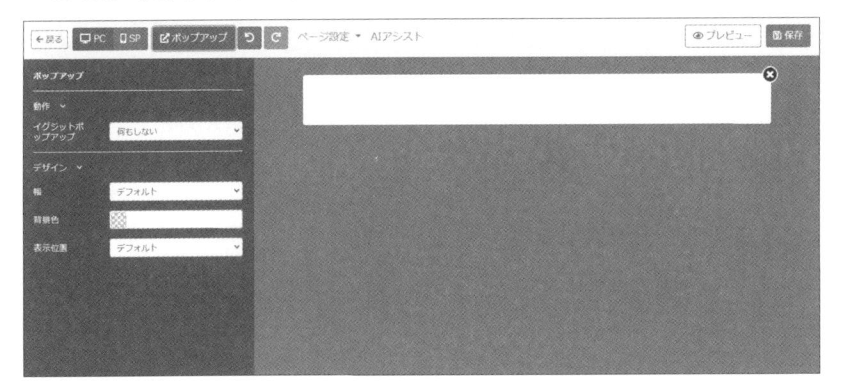

4-
SECTION
02 基本操作を覚えよう
UTAGE

ここでは、UTAGEのLPの基本構造とLPを編集する際の基本操作について説明します。LPのページ上に階層構造が組まれており、この構造を理解することが重要です。

青（要素)、緑（行)、黄（セクション）を理解する

ページ一覧から編集したいLPの「編集」ボタンを押すと、編集画面が開きます。編集画面上にカーソルを合わせると、青、緑、黄の枠が表示されます。この階層構造は、大きな枠組みから細部へと段階的に進む「入れ子構造」になっています。

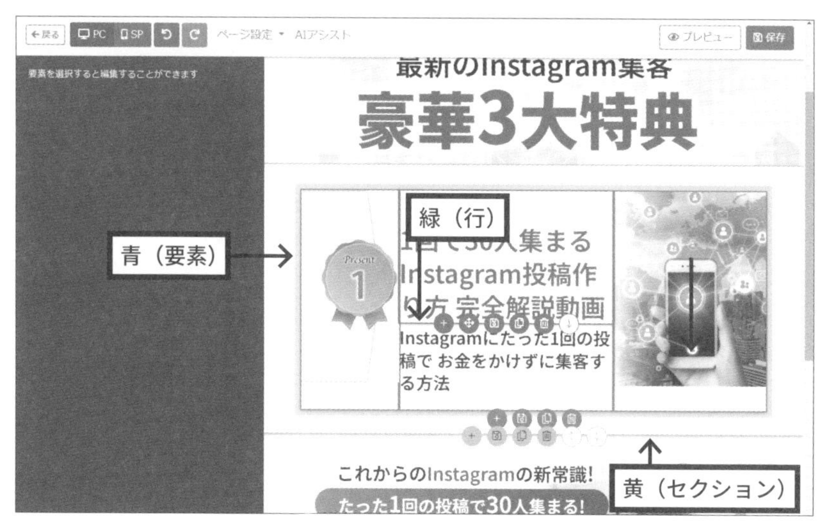

1. 青の枠：「要素」という最小単位のコンテンツです。要素には、テキストや画像、動画、ボタンなどの種類から選ぶことができます。
2. 緑の枠：「行」といって、セクション内に配置されます。複数の「要素」から構成されており、各要素を縦横自由にレイアウトできま

す。1行の中に1列、2列、3列、4列と列を作って要素を並べることが可能です。

3. 黄の枠：「セクション」という、ページのメイン部分を構成する三つの中で最も大きな単位となります。複数の「行」を配置させることができます。

注意点としては、青の枠があってもその中に「要素」を追加しないとテキストや画像は挿入できないということ。青の中には必ず何かの「要素」を入れておきましょう。

青（要素）の使い方

ページの編集画面で青枠の要素を選択すると、画面左サイドパネルに実行可能な編集オプションが表示されます。

編集画面の左サイドパネル

●テキスト要素の編集

テキスト要素を選択した場合、以下のような編集が可能となります。

- 文字のサイズ（PC表示とスマホ表示で別々に設定可能）、行間、太さ、文字の縁
- 表示位置：上下左右の余白

テキスト要素の編集

●ボタン要素の編集

ボタン要素を選択した場合、以下のような編集が可能となります。

- **連携シナリオ：**メールアドレスやWebページなど登録後のリダイレクト先
- **ボタン：**テキスト、文字サイズ、サイズ調整、ボタン画像、画像URL

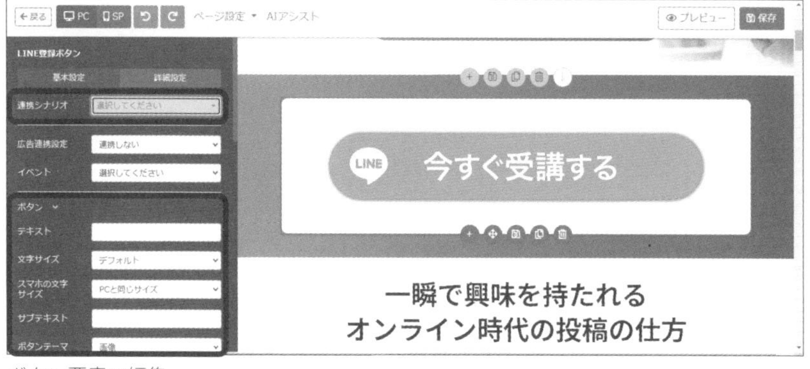

ボタン要素の編集

●画像要素の編集

画像要素を選択した場合、以下のような編集が可能となります。

- **画像：**画像URL、幅、リンク先、表示位置

画像要素の編集

UTAGEにある既存のLPを参考にして、要素をクリックしてみて、左側のナビゲーションでの設定を確認することで、効果的な設定方法を学ぶことができます。

緑（行）の使い方

行は緑色の枠で表示される構成要素です。行はセクション（黄色枠）内で背景の色や形を変えるなどの編集ができます。

- 行内の背景色（単一色、グラデーション）の設定
- 行の枠線（太さ、色、種類、丸み）の設定
- 行の列数の設定（PC用・スマートフォン用表示）

ページの編集画面で緑枠の行を選択すると、画面左側に実行可能な編集オプションが表示されます。

●行内の背景色の設定

行内のグラデーション、背景色、背景色の掛け方、背景透明度を設定できます。

行内の背景色の設定

●行の枠線の設定

行の枠線の太さ、色、種類、丸みを設定できます。

行の枠線の設定

丸みは0にすると四角になり、数字を大きくすると丸みを帯びた形になります。

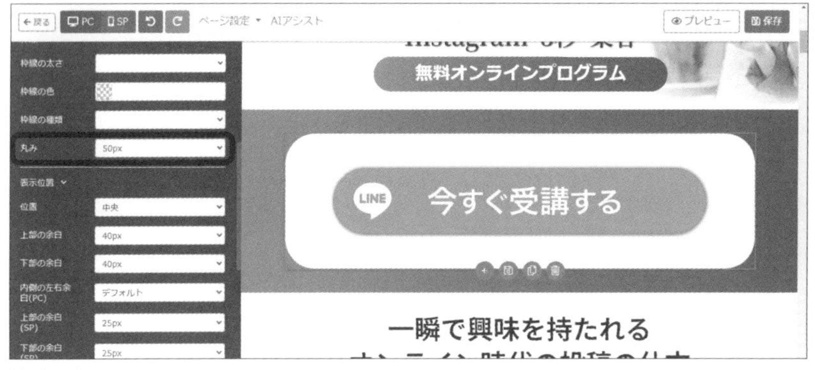

枠線の丸み

●行の列数の設定

行を列として横に並べるレイアウトを設定できます。例えば、1列目に画像を入れて、2列目にテキスト、3列目に別の画像を入れるなどして使います。

行の列数の設定

PC表示とスマートフォン表示で列数を変えるなど異なるレイアウトを設定することもできます。

スマートフォン表示を確認したい場合は、画面上部の「SP」ボタンを押します。

「SP」ボタン

スマートフォン表示の列数をPC表示とは別に設定したい場合は、要素を選択し、左パネルの「スマホの表示列」オプションで設定を変更します。例えば1列×3行にした場合はスマホだとこのように表示されます。

スマホの表示列

スマートフォンでの表示を考慮して、画像サイズや文字の大きさによって、列数などの設定を最適化しましょう。PCとスマートフォンで表示を切り替えながら確認して、両方で最適な見え方を設定します。

黄色（セクション）の使い方

　セクションは、要素や行を包含するページ内でもっとも大きな構造単位です。セクションの主な編集内容は、以下の通りです。

- **背景設定：**ページ全体またはセクション単位での背景を設定する。
- **幅の設定：**コンテンツエリアの幅を調整する

　ページの編集画面で黄色枠のセクションを選択すると、画面左側に実行可能な編集オプションが表示されます。

●背景の設定

　背景色やグラデーション、背景画像のURL、背景画像のスタイル、背景画像の透明度、セクションの幅が設定できます。

- **「背景画像URL」：**背景画像のアップロード
- **背景画像スタイル：**表示内容を全体に表示（スクロール時も固定）、幅・高さ100%、繰り返しの有無などから選択
- **幅：**セクションの幅を100%かピクセル数で設定

（ページ設定で設定したページ幅以下の数値が設定可能）

セクションの背景の設定

それぞれの削除・追加・移動・コピー方法

ここでは、青（要素）、緑（行）、黄（セクション）の削除、追加、移動、コピーの活用方法について説明します。これらの操作をマスターして、ユーザーのニーズに合わせた最適なページ構成を実現しましょう。

●青（要素）、緑（行）、黄（セクション）の削除

青（要素）を削除したい場合は、要素にマウスを合わせると下に表示される青色のアイコンの右側にある「ゴミ箱」アイコンをクリックします。

要素の削除

同様に、緑（行）、黄（セクション）を削除したい場合も、マウスを合わせると下に表示される緑色または黄色のアイコンの右側にある「ゴミ箱」アイコンをクリックします。

ただし、行を削除した場合は、行内のすべての要素が同時に削除されます。同様に、セクションを削除した場合は、セクション内のすべての行と要素が同時に削除されます。

●青（要素）、緑（行）、黄（セクション）の追加

各要素を新たに追加したい場合は、既存の要素にマウスを合わせると下に表示されるアイコンの左端にある「＋」アイコンをクリックし適宜、必要な要素を追加してください。

行の追加

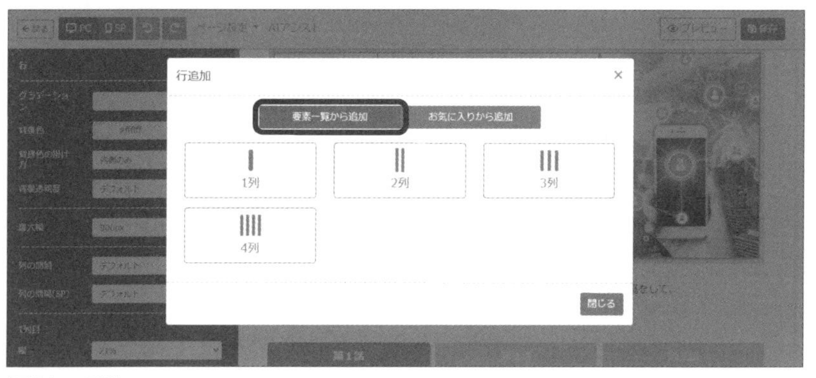

行追加の列数

セクションの追加

セクション追加の列数

●青（要素）、緑（行）、黄（セクション）の移動

移動させたい青（要素）を選択すると下に表示される青色のアイコンの右端に出てくる「↑」または「↓」アイコンをクリックして、移動させることができます。

上下矢印を使った要素の移動は、同じ行内でのみ可能です。

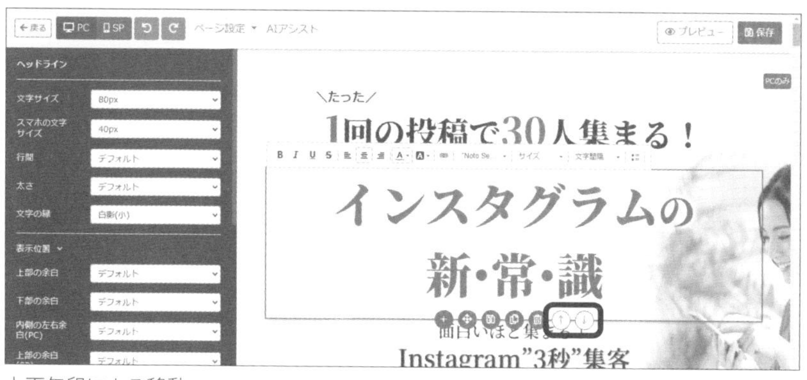

上下矢印による移動

緑（行）、黄（セクション）の移動についても、同様に行えます。

青（要素）に限って、移動するもう一つの方法として、要素を選択したときに下に表示される青色のアイコンの左側（＋アイコンの右隣）に出てくる「十字矢印」アイコンを左クリックで押しながら、ドラッグ＆ドロップで移動させることもできます。

十字矢印アイコンによる移動は、別の行やセクションへの移動も可能です。

●青（要素)、緑（行)、黄（セクション）のコピー

青（要素）をコピーしたい場合は、既存の要素にマウスを合わせると下に表示される青色のアイコンの右側（ゴミ箱の左隣）にある「コピー」アイコンをクリックします。

選択した要素のスタイル設定や内容もすべて同じものが下に複製されます。

緑（行)、黄（セクション）のコピーについても、同様に行います。

編集後は、編集画面上部の右側にある「保存」ボタンを押します。

SECTION

4-03 UTAGE

登録用LPを作ろう

ここでは、UTAGEシステムを用いて、効果的なメルマガ登録用のLPを作成する方法について解説します。

メールアドレス登録ファネルを追加する

実際にメルマガ登録用のLPを作成していきます。手順は、以下の通りです。

3章で説明した「ファネルを追加する方法」を参考にしながら、「メールアドレス登録ファネル」または「メールアドレス登録ファネル（自己啓発デザイン）」のどちらかを選びましょう。

ヘッダー部分を編集する

次に、追加した「メールアドレス登録ファネル（自己啓発デザイン）」ヘッダーを編集します。

❶追加された「メールアドレス登録ファネル（自己啓発デザイン）」を選択して開きます。「メールアドレス登録ファネル（自己啓発デザイン）」は、ランディングページとサンクスページの2ページ構成になっています。

❷ランディングページのタブをクリックして、「編集」ボタンを押して、編集ページを開きます。

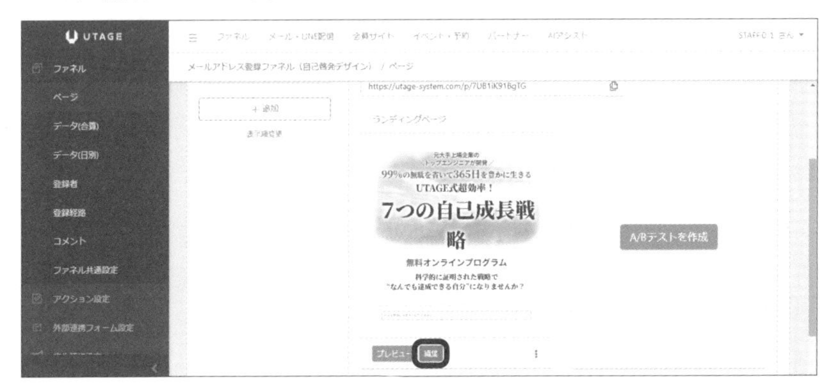

❸編集ページから編集したい要素を選択して、キャッチコピーや説明文の文言を自由に書き換えます。テンプレートに不要な要素がある場合は削除したり、文字の大きさや色を変更したりします。

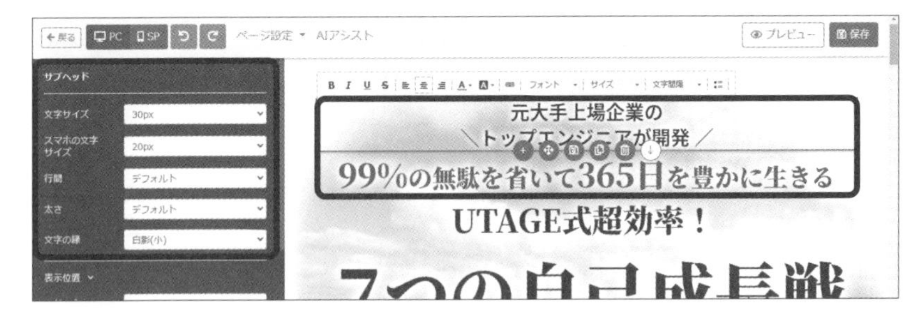

❹背景画像は主にセクションで設定されていることが多いため、変更した場合は、セクションを選択します。背景画像のURLの箇所に新しい画像をアップロードします。

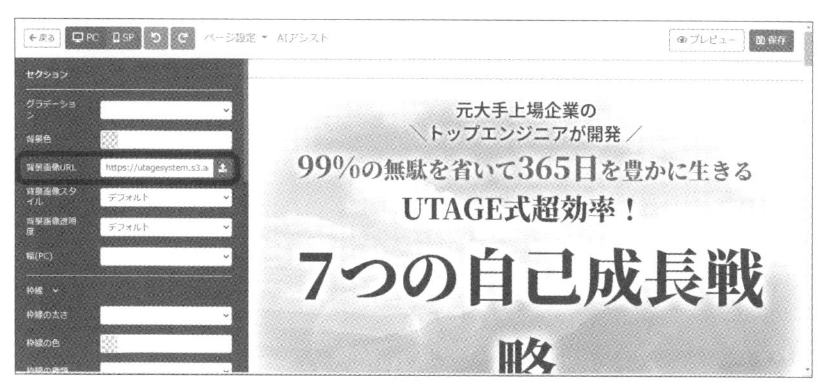

❺人物などが適切にレイアウトされるように配置などを調整します。PCではユーザー側のウインドウの大きさなどによって見え方が変わるため、画面のレイアウトを設定するときもウインドウの大きさを変えるなどして見え方を確認します。UTAGEでは、ウインドウの大きさに応じて画面の表示内容も自動的に切り替わるように設計されています。

❻文字の視認性を高めるために、画像やテキストの装飾を編集します。

❼幅を設定します。編集画面上部の「ページ設定」の「デザイン」から、ページ幅を100%または特定のピクセル数に設定します。100%の場合、ウインドウの端から端まで画像などが表示され、余白のない状態になります。ピクセル数を設定した場合は、ページの幅がその値で固定されます。

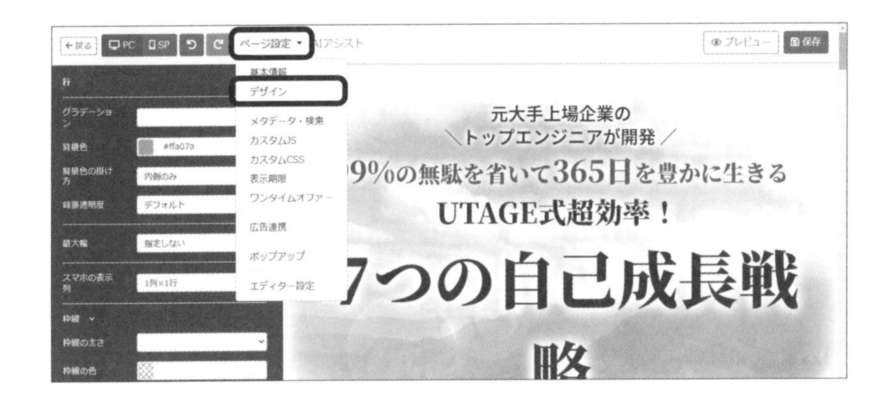

またページ幅を100%にしておいて、セクションの幅を特定のピクセル数に設定することもできます。

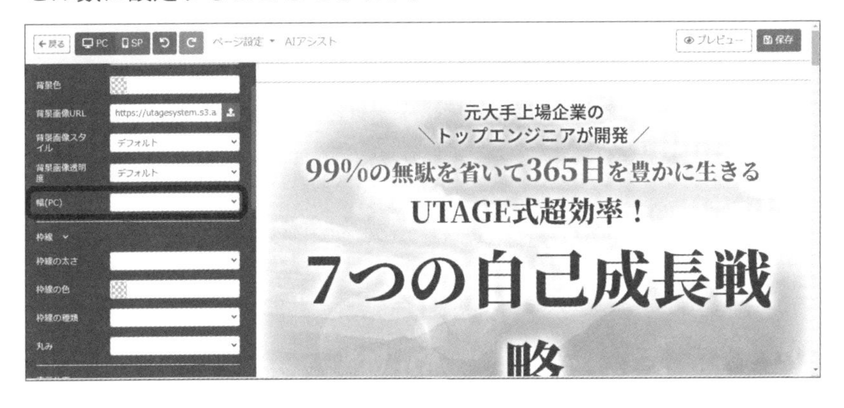

編集後は、編集画面上部の右側にある「保存」ボタンを押します。

登録ボタンを設定する

LPにおいて、登録ボタンは訪問者をリードへ変換する重要な要素です。UTAGEシステムでは、この登録ボタンをカスタマイズし、最適化することができます。登録ボタンをカスタマイズすることで、コンバージョン率を高めることができます。ユーザーのニーズと行動を考慮しながら、視覚的かつ機能的に最適化されたボタンを作成することが、集客化成功への鍵となります。ここでは、効果的な登録ボタンのカスタマイズ方法について解説します。

●連携シナリオの設定

メール登録ボタンが配置された要素をクリックして選択します。

メール登録ボタンが配置された要素

画面左のサイドパネルのフォーム動作にある「連携シナリオ」の▼ボタンを押すと、あらかじめ設定したメール配信シナリオがリストで表示されます。適切なシナリオを選択し、登録者のメールアドレスがどのリストに追加されるようにするのかを指定します。

連携シナリオ

注意：メール配信シナリオの設定方法は、「UTAGE実践マニュアル メール・LINE編」で詳しく解説しています

●登録後のリダイレクト設定

画面左のサイドパネルのフォーム動作にある「登録後のリダイレクト先」の▼ボタンを押してオプションを選択します。「ファネルの次のステップ」を選択すると、例えば、「ランディングページ」と「サンクスページ」の2つのページで構成されていたファネルであれば、自動的に次のステップである「サンクスページ」が表示されるようになります。

登録後のリダイレクト設定

●ボタンデザインのカスタマイズ

画面左のサイドパネルのボタンにある「ボタンテーマ」の▼ボタンを押してオプションを選択します。画像やテキスト、また角丸などの形が選べます。

ボタンデザインのカスタマイズ

画面左のサイドパネルのボタンにある「文字サイズ」または「スマホ文字サイズ」でボタン内の文字サイズを調整します。

ボタン内の文字サイズ

画面上部にある「PC」と「SP」のボタンでPC表示とスマートフォン表示を切り替えて、それぞれに適切なサイズを設定します。

●ボタン内のテキスト編集

デフォルトでは、「今すぐ無料で手に入れる」といったテキストがボタンに入っています。この文言を変更したい場合は、画面左のサイドパネルのボタンにある「テキスト」の欄に、ボタン上に表示させたい内容（例：登録する）を入力します。

またボタンの下段にサブテキストを入力することもできます。画面左のサイドパネルのボタンにある「サブテキスト」の欄に、ボタンの下段に表示させたい内容（例：いまだけ無料！）を入力します。

ボタン内サブテキストの編集

ボタンに入力するテキストは、ユーザーが取るべきアクションを明確に示して、行動喚起します。ボタンのデザインについても、スマートフォンでの表示にはとくに配慮して、タップしやすいサイズと配置を心がけましょう。

LINEを同時に登録させる方法

メールアドレスとLINEの同時登録（ダブルオプトイン方式といいます）を簡単に実装することができます。この方式では、より多くのチャネルでユーザーとコミュニケーションを取ることができるため、マーケティングの効果を高めることができます。ここでは、その方法について解説します。

❶メール登録ボタンが配置された要素をクリックして選択します。

画面左のサイドパネルのフォーム動作にある「登録後のリダイレクト先」の▼ボタンを押して、「登録後のリダイレクト先」オプションを「指定したURL」に変更します。「リダイレクト先URL」欄にLINE登録用のURLを貼り付けます。このURLは、LINEの公式アカウント設定画面、またはUTAGEで作ったLINE登録シナリオのリンクから取得できます。

LINE登録用のURLの貼り付け先

LINE登録シナリオのリンク取得など、メール・LINE設定に関わるところは「メール・LINE編」で説明しています。

この設定をしておくと、ユーザーがメールアドレスを登録すると、メールアドレスがシステムに登録されるのと同時に、LINE登録用のURLにリダイレクトされます。これにより、メール登録と合わせてLINEの登録も同時に獲得することができます。

本文を作る

UTAGEシステムのデフォルトで入っているLPを参考にしながら、本文を効率的にカスタマイズしていきましょう。ここでは、LPの本文を編集する方法について解説します。

●本文の途中に画像を追加する

よくあるのが本文を書いていて、その本文と本文の途中に画像を挿入したくなる場合です。UTAGEでは、1つの要素は１つのことしか設定できないので、テキスト要素の中に画像をいれることはできません。

そのため途中で画像を挿入したくなった場合、本文を複製し2つにわけその途中に画像を入れるようにしましょう。手順は、以下の通りです。

❶既存の本文要素を選択し、既存の要素にマウスを合わせると下に表示される青色のアイコンの右側（ゴミ箱の左隣）にある「コピー」アイコンをクリックします。選択した要素のスタイル設定や内容もすべて同じものが下に複製されます。

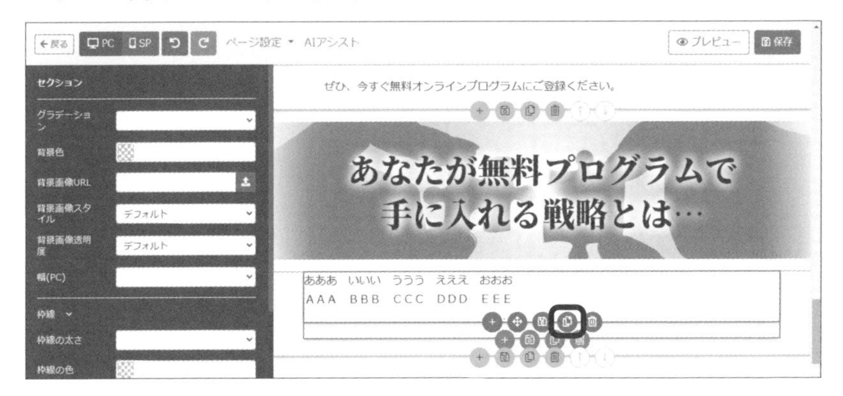

❷複製して追加した要素の間に画像を追加します。画像を追加したい位置の上にある本文要素にマウスを合わせると下に表示される青色のアイコンの左端にある「＋」アイコンをクリックします。

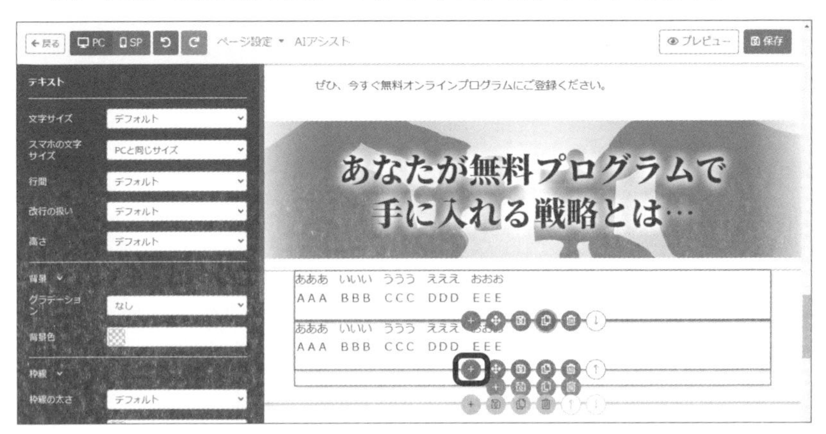

❸「要素一覧から追加」のタグを選択して、「画像」のアイコンを押します。追加した画像要素を選択し、画像URLから追加したい画像をアップロードします。

❹画像上下に配置した本文の重複個所を削除します。

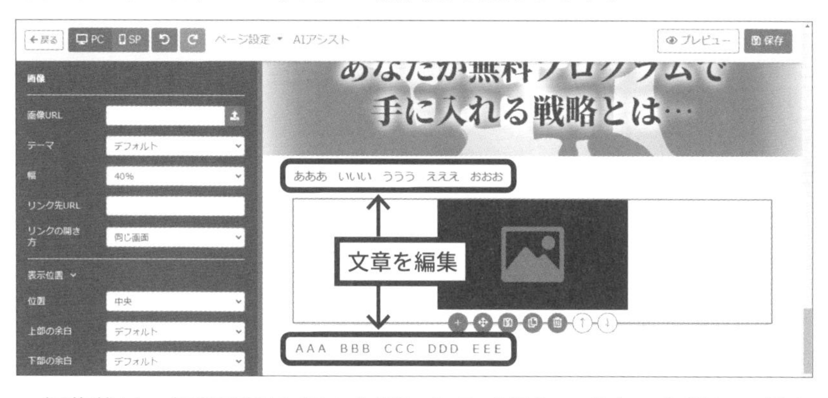

編集後は、編集画面上部の右側にある「保存」ボタンを押して保存します。

フッターを整える

LP末尾のフッター部分には、以下の重要な要素が含まれています。

- プライバシーポリシー
- 特定商取引法に基づく表記
- 会社概要

- コピーライト表記

　これらの要素は、法的要件を満たすだけでなく、サイトの信頼性を高める役割も果たします。
　フッターは単なるページの末尾ではなく、サイトの信頼性を高める重要な要素であるため、細心の注意を払って作成しましょう。ここでは、フッターの編集方法について解説します。

●自社ウェブサイトがある場合

　自社ウェブサイトがある場合は、UTAGEシステムに関連するURLを入力します。
　フッターの要素を選択します。画面左のサイドパネルの「プライバシーポリシーURL」、「特商法URL」、「会社概要URL」に自社ウェブサイトの該当ページにあるURLをコピペします。
　コピーライト欄には、会社名を入力すると、自動的に適切な形式で表示されます。

●自社ウェブサイトがない場合

　自社ウェブサイトがない場合は、UTAGEが用意しているテンプレートを使用します。その場合の手順は、以下の通りです。

❶ファネルの画面から「+追加」ボタンを押します。

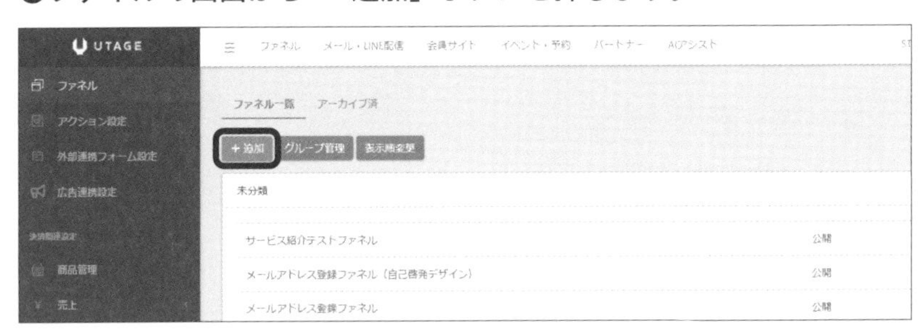

❷「特商法・プライバシーポリシー」のテンプレートを選択して、「詳細」ボタンを押します。

❸「このファネルを追加する」ボタンを押します。

❹「このファネルを追加します。よろしいですか？」という確認ダイアログが開きますので「OK」を押すと、「特商法・プライバシーポリシー」が一覧の最下段に追加されます。

❺「特商法・プライバシーポリシー」のページの「編集」ボタンを押して、「特定商取引法に基づく表記」および「プライバシーポリシー」のページについて、ロゴや記載事項などを編集します。

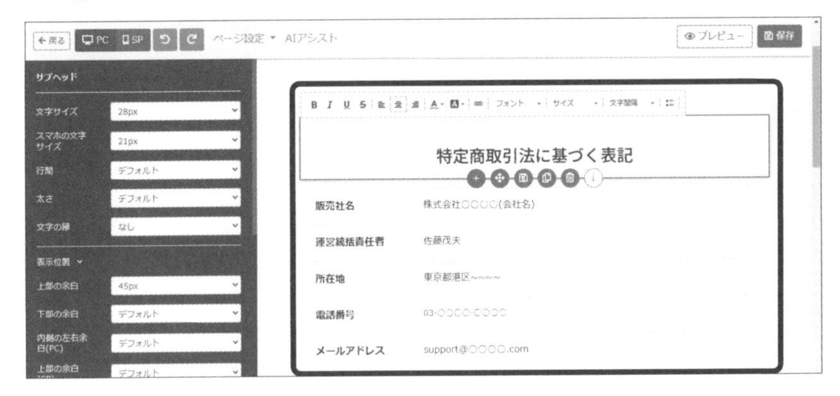

❻ページの編集を終えたら、各ページにあるURL欄をわかりやすいURLに変更します（例：・・・law）。

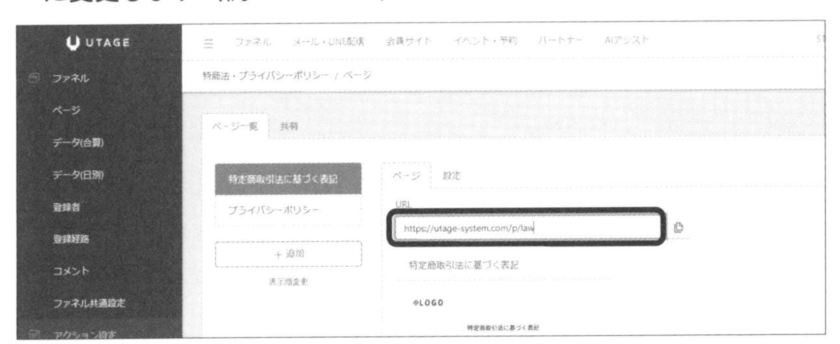

❼作成したページのURLをコピーします。

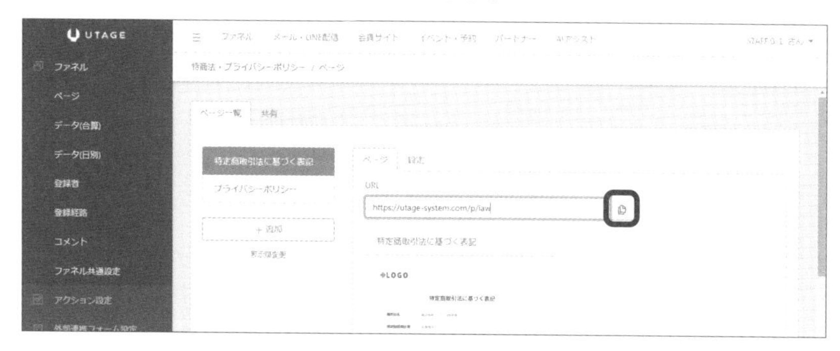

❽コピーしたURLをフッター要素のそれぞれの箇所に貼り付けます。
編集後は、編集画面上部の右側にある「保存」ボタンを押します。

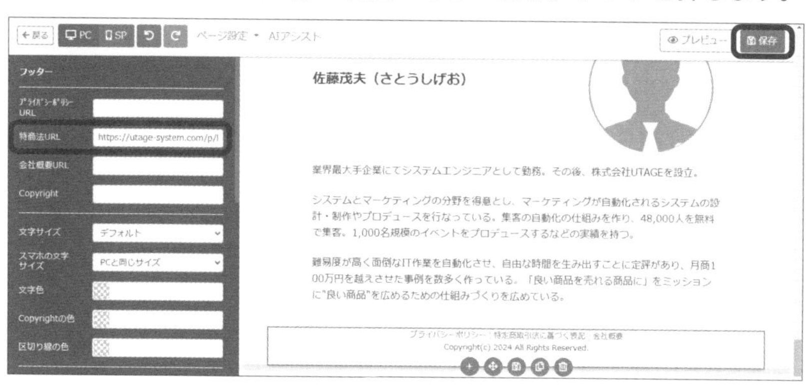

SECTION

ウェビナー視聴ページを作ろう

UTAGEでは、ウェビナー動画を格納できるように設計されています。テンプレートや機能を活用することで、コールトゥアクション（CTA）などを備えた効果的なウェビナー視聴ページを簡単に作成できます。

動画視聴ページを追加する

UTAGEテンプレートからウェビナー視聴ページを作成します。その手順は、以下の通りです。

❶3章の「ファネルを追加する方法」を参考に、「動画視聴ページ」または「動画視聴ページ（SNS集客デザイン）」のいずれかを選択し、追加してください。

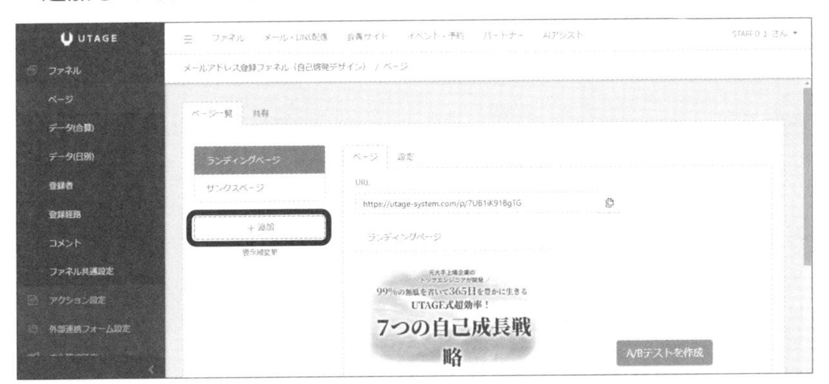

❷視聴ページが追加できたら、URLを編集します。URLはお客様に送るページになるため、意味のない文字列よりも分かりやすいもの（例：webinar）に変えておきましょう。

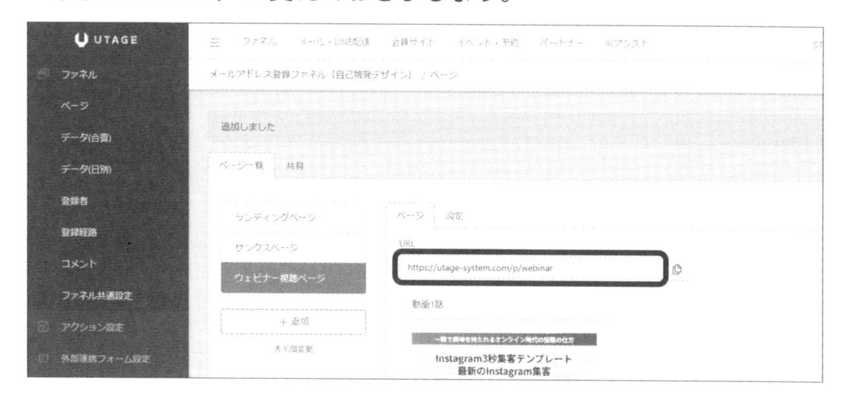

動画をアップロードして動画の設定をする

UTAGEシステムには、動画をアップロードして保存する機能が用意されています。大容量の動画でも安全に格納することができますので、ウェビナー視聴ページにも簡単に組み込むことができます。この機能により、YouTubeや他の動画プラットフォーを使用することなく、UTAGEで完結して独自のコンテンツ管理をすることができます。

UTAGEの動画ストレージの特徴

- 約1テラバイトの大容量が利用可能
- 他の動画プラットフォームとの契約が不要
- コンテンツの一元管理が可能

●動画のアップロード手順

❶UTAGEにログイン後、右上のユーザー名をクリックします。プルダウンメニューから「動画管理」を選択します。

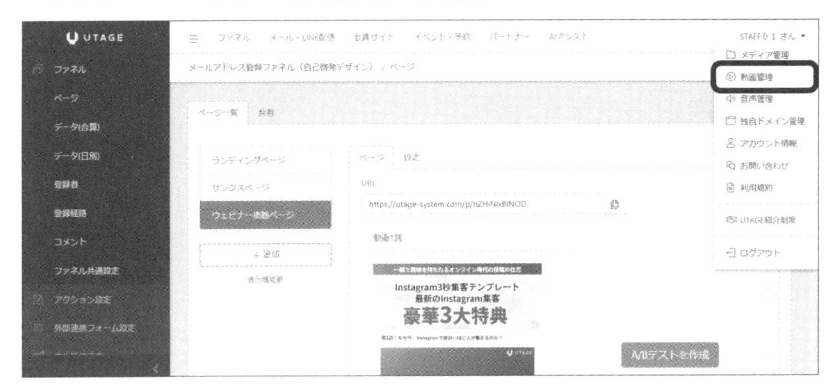

❷画面左上にある「新規アップロード」ボタンをクリックすると、対象の動画ファイルを選択してアップロードできます。

❸アップロードした動画のウインドウから、「埋め込み用URL」の右側にある「コピー」ボタンをクリックして、動画リンクURLをコピーします。

❹「ウェビナー視聴ページ」を追加したファネルを開いて、「ウェビナー視聴ページ」の「編集」ボタンを押します。

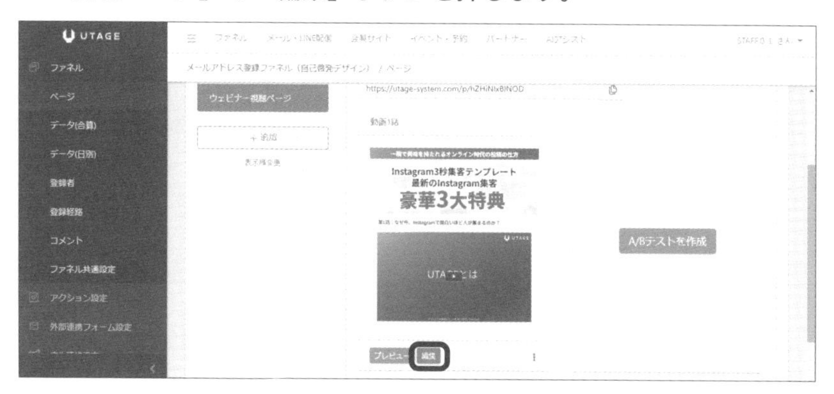

❺ページ編集画面からテンプレートに埋め込まれている動画を差し替えます。動画が含まれている要素を選択します。左サイドパネルの「動画タイプ」に「UTAGE」が選択されていることを確認して、「動画URL」に先ほどコピーした動画リンクURLを貼り付けます。

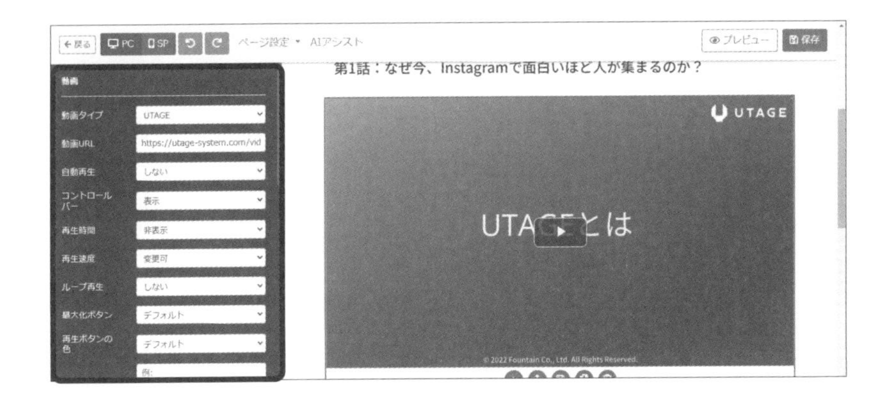

❻他の動画設定について確認します。とくにこだわりがなければ、次のように設定することで視聴者が動画を視聴する際に自由度を持たせることができます。

- **コントロールバー**：表示
- **再生時間**：表示（現在時間+総時間）
- **再生速度**：変更可

視聴者に飛ばし見などを防止して、厳密な視聴管理をしたい場合は、コントロールバーを「非表示」にして、再生速度も「変更不可」に設定します。編集後は、編集画面上部の右側にある「保存」ボタンを押します。

動画にチャプターリストを追加する

UTAGEシステムでは、動画にチャプターリストを追加することができます。チャプターリストは、繰り返し動画を観る際などに便利なため、視聴者に効果的な学習体験を提供することができます。復習したい場合でも、チャプターリストがあれば特定のセクションに素早くアクセスできるので、長時間の動画でも効率的な視聴が可能となります。

ウェビナーや教育コンテンツの価値を大幅に向上させることができます。

動画チャプターリストの作成手順は、以下の通りです。

❶動画を含む要素を選択し、左サイドパネルを以下のように設定します。次のような設定をしておくことで、視聴者が動画を視聴する際に自由度を持たせることができます。

- **コントロールバー**：表示
- **再生時間**：表示（現在時間+総時間）
- **再生速度**：変更可

❷動画のある要素の直下に新しい要素を追加します。動画の要素を選択し、下に出てくる青色のアイコンの左端にある「+」アイコンをクリックします。

❸要素追加の画面から「動画チャプター」オプションを選択します。

❹チャプターに指定したい時間を次のように半角数字で入力し、チャプターのタイトルを入力します。

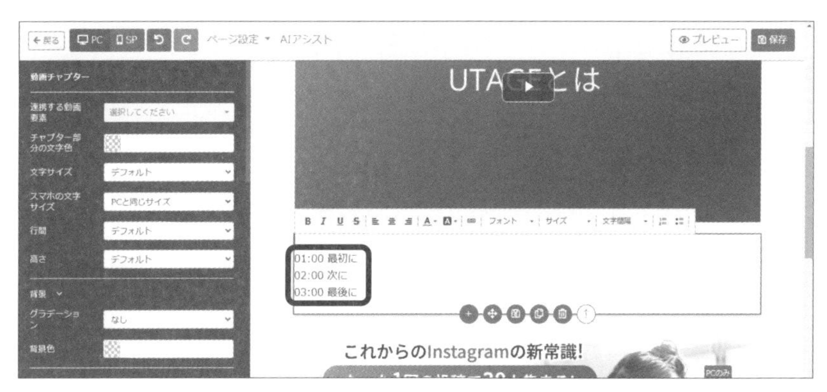

❺チャプターの入力を終えたら、チャプターと動画を連携させます。左サイドパネルの「連携する動画要素」の▼ボタンを押して、「動画」を選択します。

❻設定が完了したら、画面上部右側にある「保存」ボタンを押して、「プレビュー」をクリックして、確認します。
❼プレビュー画面でチャプターに入力した時間の数字が青色になっていることを確認します。青色の数字を押すと、指定した時間に動画がジャンプします。

一定時間後にCTAを表示させる

UTAGEシステムでは、動画を一定時間視聴したお客様に商品・サービスへの申し込みを促す画面を表示させる「コールトゥアクション（CTA）表示」という機能が用意されています。CTA表示機能を活用することで、動画を見ていないお客様が見当違いで商品・サービスを申し込んでしまうというリスクを避けることができます。これにより、視聴者の理解度に応じた効果的なマーケティングができ、質の高いリードを獲得することができます。

CTA表示の設定方法は、以下の通りです。

❶動画を含む要素を選択し、左サイドパネルの「動画連動」の▼ボタンを押して、「指定した時間まで動画を視聴」を選択します。

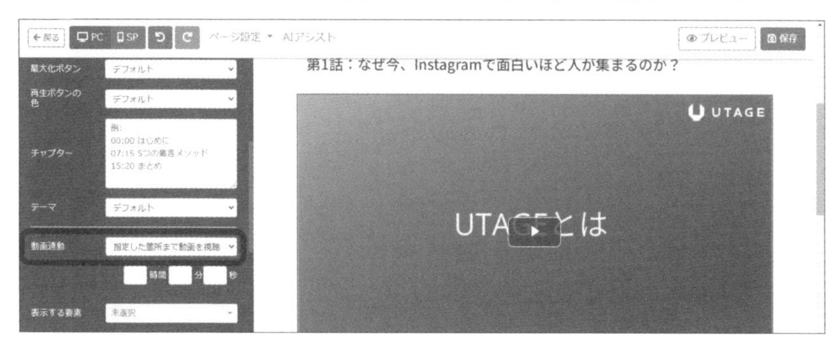

❷下に出てくる空欄に商品・サービスを理解するために必要と考えられる動画視聴時間（例：20分）を入力します。

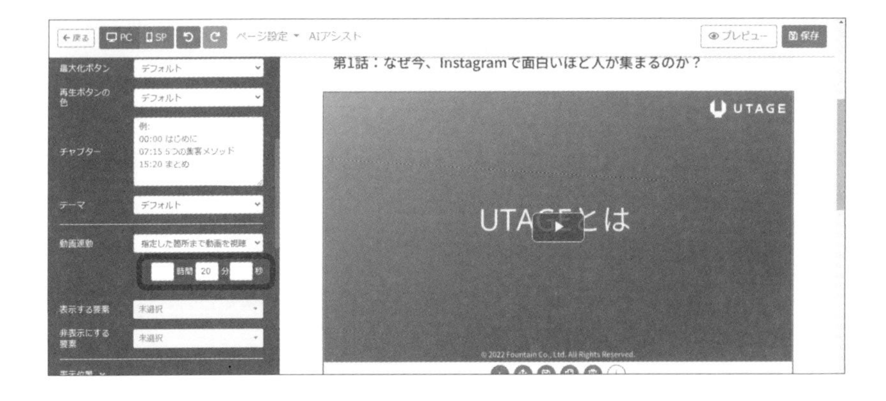

❸「表示する要素」オプションから、CTA表示させたい要素や行を含んだセクションを選択します。

❹設定が完了したら、画面上部右側にある「保存」ボタンを押して、「プレビュー」をクリックして、確認します。

❺動画を再生して設定した時間を過ぎたところで、指定したセクションが正しく画面に表示されるかを確認します。

視聴期限が終了しましたページを作る

UTAGEシステムでは、視聴期限が過ぎた場合に視聴期限が終了したことを伝えるページを作成することができます。

終了後のページを簡単に作成し、ユーザーに適切な情報を提供することができます。これにより、コンテンツの管理が容易になり、ユーザー体験を向上させることが可能です。

❶視聴終了ページを追加したいファネルを開いて、ページ一覧の「+追加」ボタンをクリックします。

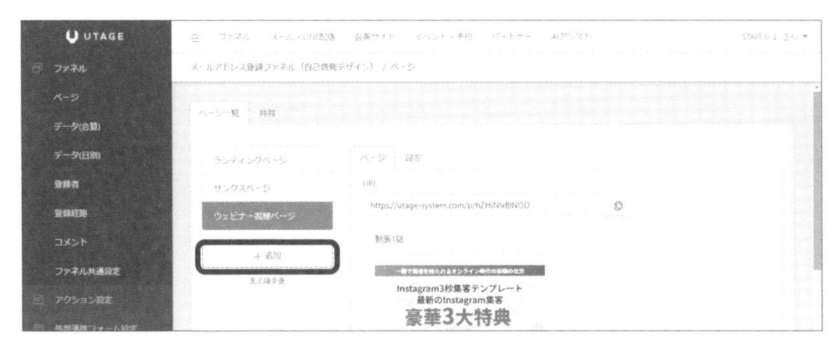

❷名称にわかりやすい名前（例：視聴終了ご案内ページ）を入力して、「保存」ボタンを押します。

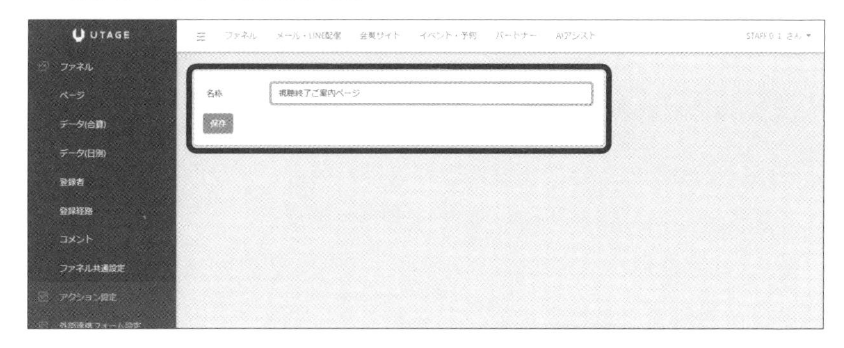

❸ページ一覧の最下段に新しくページが追加されます。追加されたページを選択し、「+ページの追加」ボタンを押します。

❹この場合、サンクスページが使いやすいため、「サンクスページ」テンプレートを選択して、「+追加」ボタンを押すと、「このファネルを追加します。よろしいですか？」という確認ダイアログが開きますので「OK」を押してページを追加します。

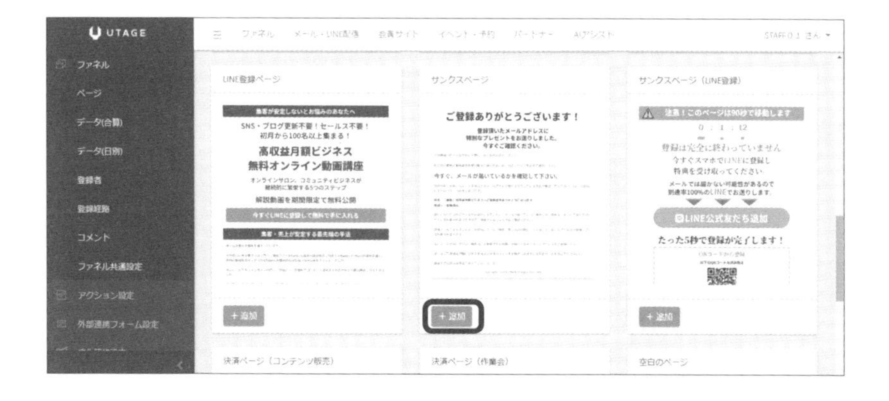

❺追加した「サンクスページ」の「編集」ボタンを押して、編集画面を開きます。

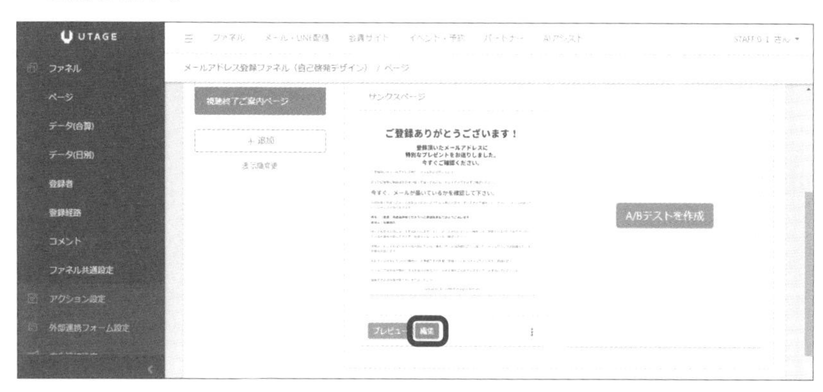

❻編集画面のヘッドラインの要素を選択し、文章を変更します（例：視聴期限が終了しました）。

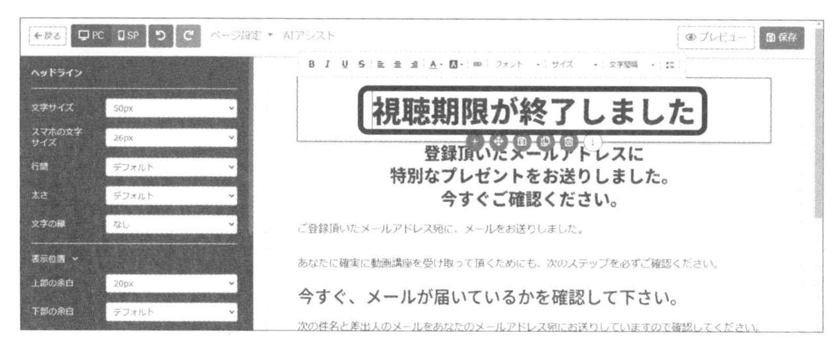

❼必要に応じて、メッセージ（例：次の機会をお待ちください）などを記入して、それ以外の不要な要素は削除します。

❽設定が完了したら、画面上部右側にある「保存」ボタンを押して、「プレビュー」をクリックして、確認します。

❾次に画面上部左側にある「ページ設定」から「基本情報」を開いて、「ページタイトル」にヘッドラインの文章（例：視聴期限が終了しました）を入力して、「保存」ボタンを押します。

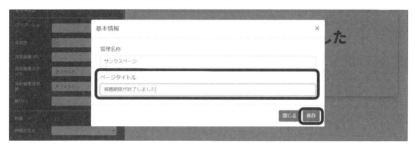

❿最後にもう一度、画面上部右側にある「保存」ボタンを押して、編集を終了します。

カウントダウンタイマーを設定する

UTAGEのウェビナー視聴ページにカウントダウンタイマーを設定することができます。カウントダウンタイマーを設定することで、ユーザーに対して視聴期限の緊急性を効果的に伝え、行動を促します。これにより、ユーザーエンゲージメントを高め、コンテンツの視聴率を向上させることができます。

❶作成したウェビナー視聴ページの「編集」ボタンを押して、編集画面を開きます。動画が含まれている要素の上など目立つ位置にカウントダウンタイマーを追加します。カウントダウンタイマーの要素を追加したい箇所の上にある要素を選択し、下に出てくる青色のアイコンの左端にある「＋」アイコンをクリックします。

❷開いた要素追加の画面から「カウントダウン」オプションを選択します。

❸追加したカウントダウンタイマーのデザインを変更したい場合は、左サイドパネルの「デザイン」にある「テーマ」などを適宜変更します。

❹左サイドパネルにある「カウントダウン」の▼ボタンを押して、「基準日時」を設定します。「ページ表示時」や「初回アクセス日時(cookieを利用)」などが使いやすいです。

❺次に選択した基準日時から何日間見られるようにするのかを設定します。例えば、3日間に設定する場合、2日23時間59分と入力します。

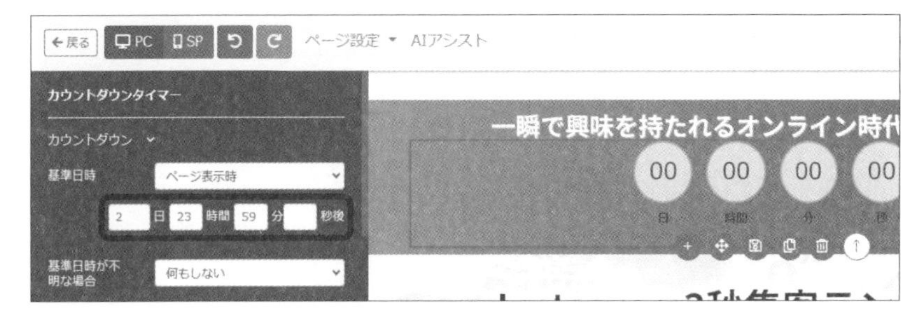

❻次に「カウントダウンタイマー終了後の動作」を設定します。先程作った終了ページに飛ばせたい場合は、「終了後の動作」の▼ボタンを押して、「指定ページへリダイレクト」を選択します。

❼「リダイレクト先URL」に先ほど作成した「視聴終了ご案内ページ」のURLを貼り付けます。ページ一覧の画面から「視聴終了ご案内ページ」のURLをコピーします。

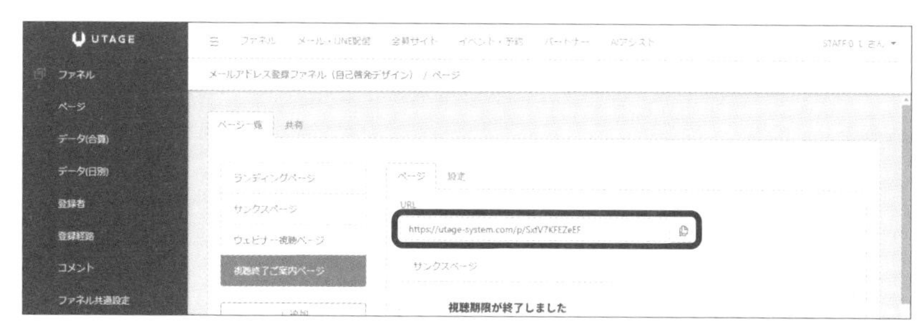

❽「リダイレクト先URL」に作成した「視聴終了ご案内ページ」のURLを貼り付けます。これで、基準日時から設定した期間が過ぎれば、リダイレクト先の「視聴終了ご案内ページ」が表示されるようになります。編集後は、編集画面上部の右側にある「保存」ボタンを押します。

SECTION

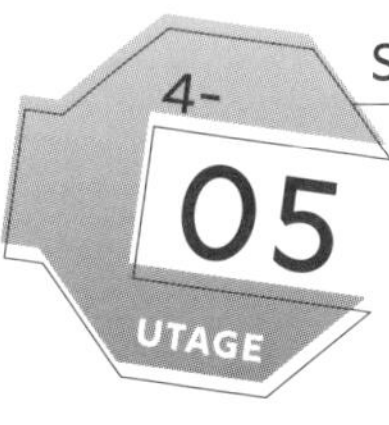

相談会の申し込みページを作ろう

UTAGEシステムでは、セミナーや個別相談の申し込みページを簡単に作成することができます。また申込みページに申し込みフォームを埋め込むことができます。

説明会ページを追加する

UTAGEテンプレートから説明会ページを作成します。その手順は、以下の通りです。

❶説明会ページを追加したいファネルをあらかじめ開いておきます。

❷ページを追加し、テンプレートから「説明会ページ（SNS集客デザイン）」を選択してページを追加します。

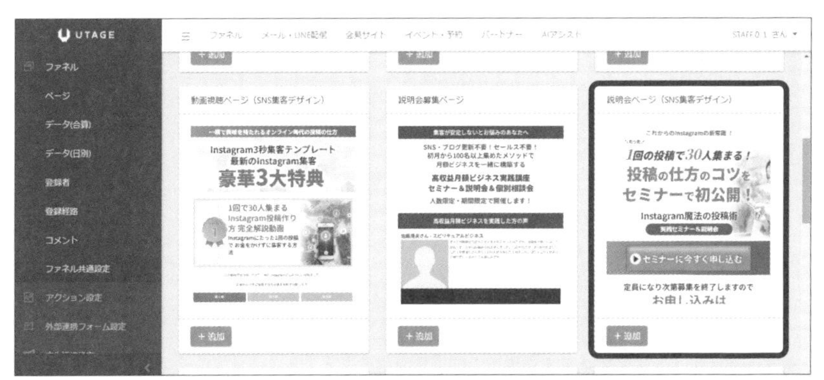

❸個別相談申込ページが追加できたら、URLを編集します。URLはお客様に送るページになるため、意味のない文字列よりも分かりやすいもの（例：kobetsu_yoyaku）に変えておきましょう。

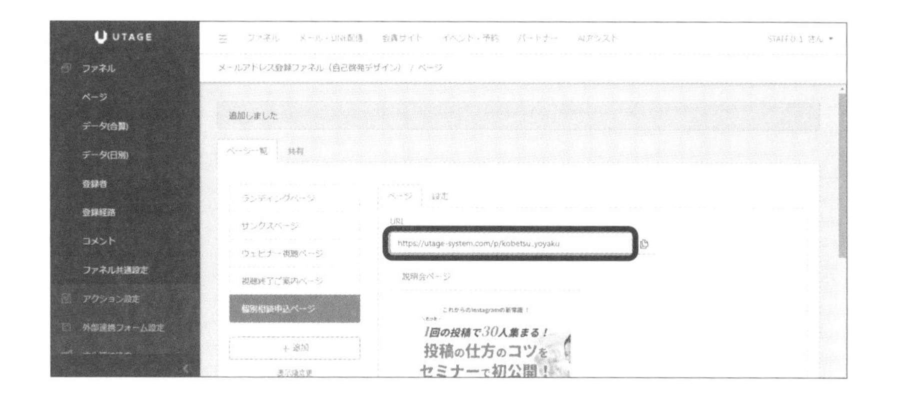

ページを編集して申し込み方法を確認する

UTAGEシステムの機能を活用して申し込みページを最適化することで、効果的な予約プロセスを構築できます。ここでは、説明会ページの編集方法について解説します。

❶追加した個別相談申込ページにある「編集」ボタンを押します。

❷「ページ設定」から「基本情報」を選択します。「ページタイトル」欄に分かりやすいタイトル（例：ベーシック講座の個別相談申し込みページ）を入力します。

❸ページの編集画面が開きますので、要素を選択して、編集していきます。

❹外部の予約サイトや申し込みページに飛ばしたい場合は、ボタンのリンク先URLを設定します。

申し込みサンクスページを作る

ここでは、申し込み後のサンクスページの作り方を解説します。

❶ページ一覧から「+追加」ボタンを押します。

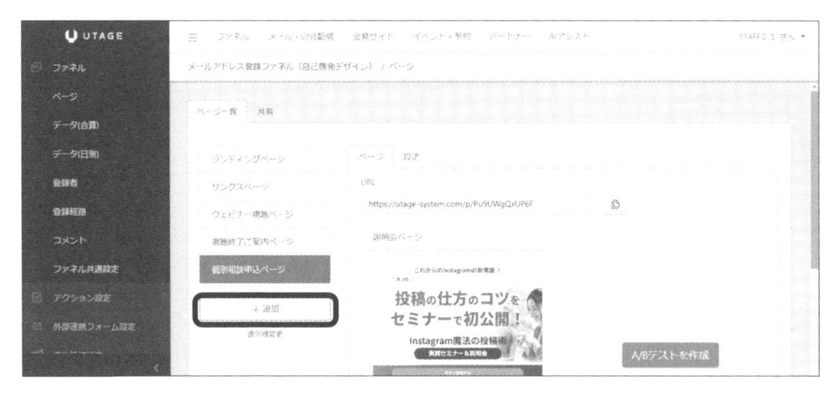

❷名称にわかりやすい名前（例：申し込みサンクスページ）を入力して「保存」ボタンを押します。

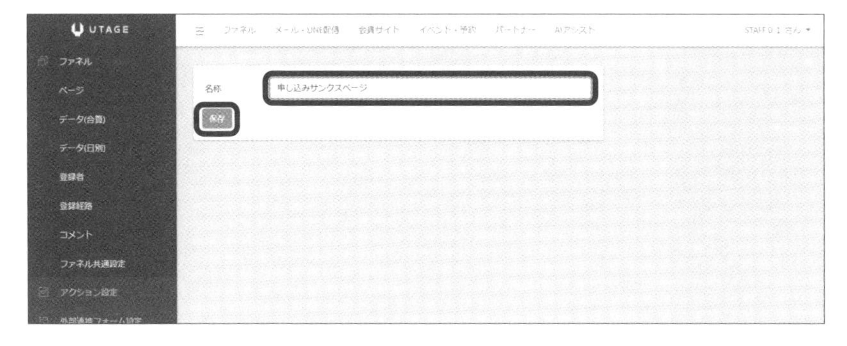

❸ページ一覧の最下段に新しくページが追加されます。追加されたページを選択し、「+ページ追加」ボタンを押します。

❹この場合、サンクスページが使いやすいため、「サンクスページ」テンプレートを選択して、「+追加」ボタンを押すと、「このファネルを追加します。よろしいですか？」という確認ダイアログが開きますので「OK」を押してページを追加します。

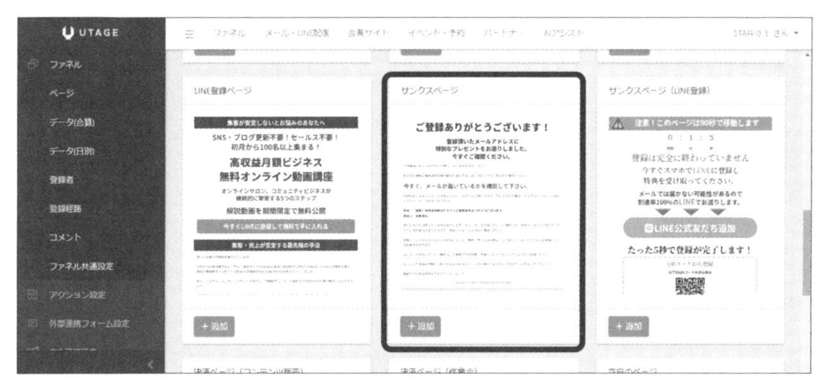

❺ページが追加されたら、URLを編集します。URLはお客様に送るページになるため、意味のない文字列よりも分かりやすいもの（例：yoyaku_thankyou）に変えておきましょう。

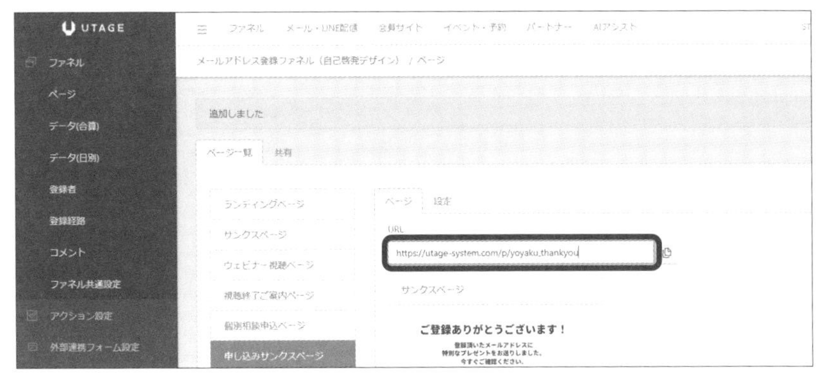

❻追加した「サンクスページ」の「編集」ボタンを押して、編集画面を開きます。

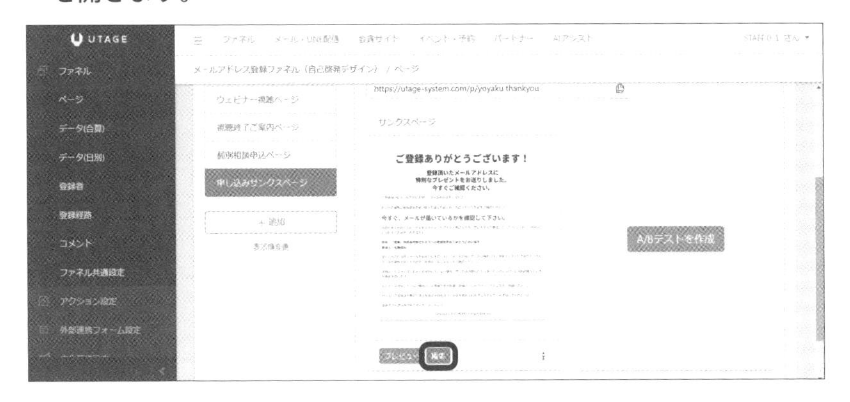

❼編集画面のヘッドラインの要素を選択し、文章を変更します（例：ご予約ありがとうございました！）。テンプレート内の不要な箇所は、ゴミ箱アイコンをクリックして削除します。

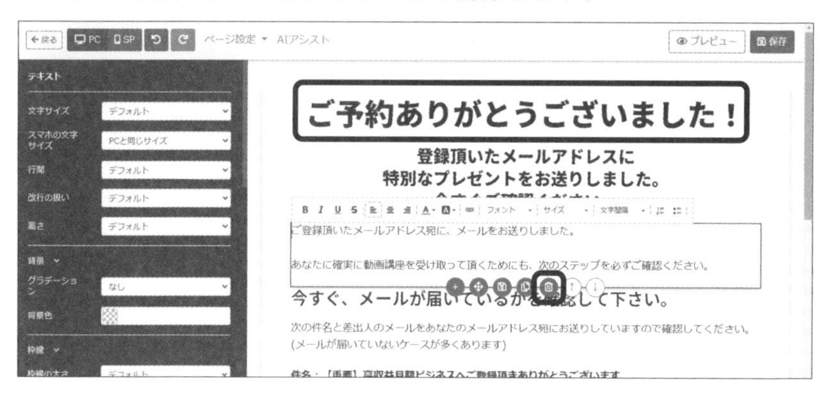

❽忘れずに、ページタイトルも変更しておきましょう。「ページ設定」から「基本情報」を選択します。「ページタイトル」欄に分かりやすいタイトル（例：ご予約ありがとうございました）を入力して「保存」ボタンを押します。編集完了後は、必ず編集画面右上の「保存」ボタンを押して終了します。

申込フォームを埋め込む

UTAGEシステムでは、説明会ページ内に申込フォームを埋め込むことができます。これにより、ユーザーフレンドリーな申し込みプロセスを構築することが可能です。ページ内に予約フォームを埋め込むことで、外部サイトへの誘導よりも、ユーザーの離脱を防ぎ、コンバージョン率を向上させることができます。説明会ページ内に申込フォームを埋め込む手順は、以下の通りです。

❶個別相談申込ページの「編集」ボタンをクリックして編集画面を開きます。

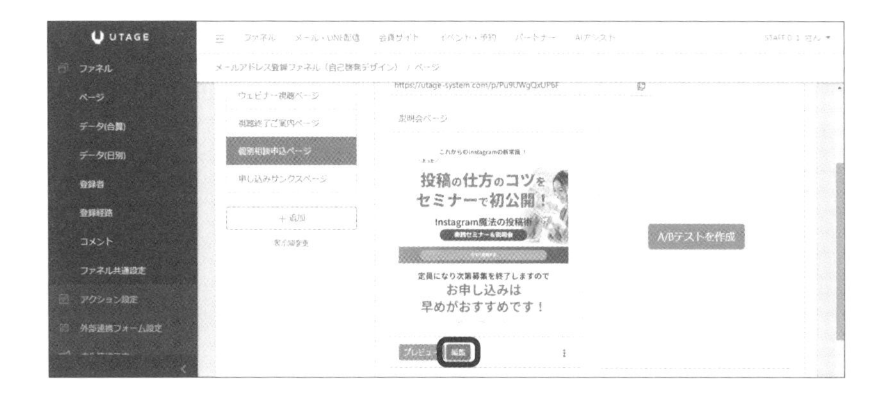

❷不要な箇所（例：申込ボタンを含むなど）は、セクションごとゴミ箱アイコンをクリックして削除します。

❸新しいセクションを追加します。追加したいセクションを選択した際、下に表示されるアイコンの左端にある「＋」アイコンをクリックします。

❹「1列レイアウト」をクリックします。新たなセクションが追加されます。

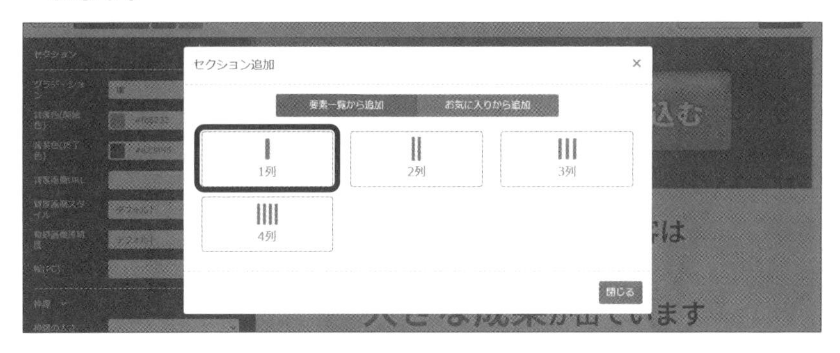

❺追加したセクションに要素を追加します。セクションの内側にカーソルを合わせると青い枠が表示された下に出てくる「+」アイコンをクリックします。

❻要素追加の一覧から「イベント・予約」の「申込フォーム」を選択してクリックします。

❼追加された要素「申込フォーム」を選択します。左サイドパネルの「イベント・予約申込フォーム」の「連携イベント」から事前に作成した申込フォームを選択します。
（申込フォームの作成方法は、「メール・LINE編」で解説しています）

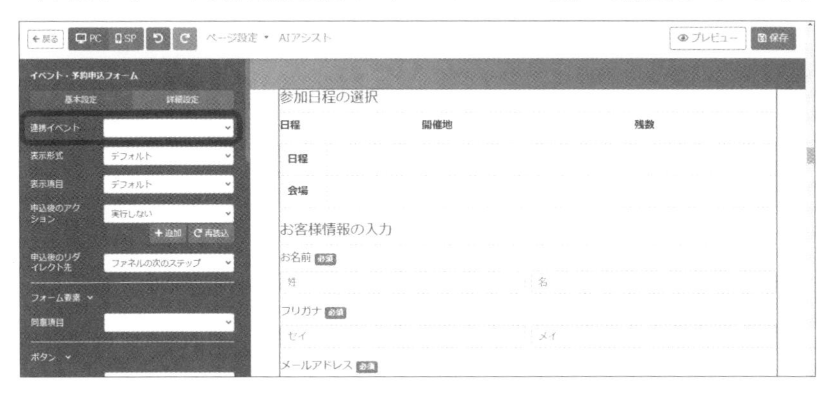

❽次に左サイドパネルの「申込後のリダイレクト先」が「ファネルの次のステップ」が選択されていることを確認します。ユーザーが申込をすると、個別相談申込ページの下に先ほど作成した「申込サンクスページ」へ自動的にリダイレクトされるようになります。

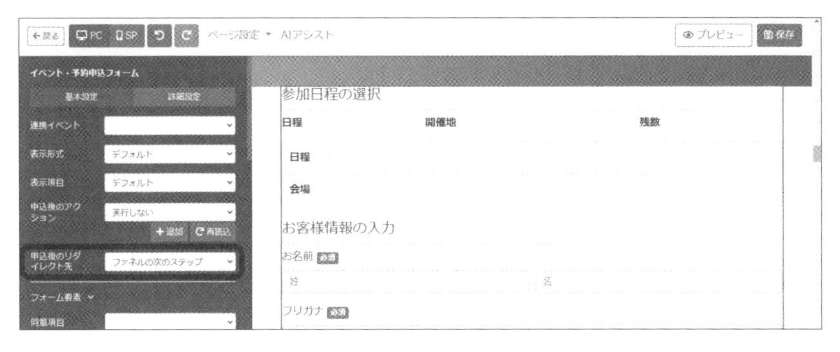

❾最後の申込確認ボタンが小さい場合は、左サイドパネルの「ボタン」のところからデザインを変更したり、文字を大きくしたりします。「テキスト」に文字を入力してボタンに表示される文字列を変更することもできます。

❿編集画面上部の左側にある「PC」および「SP」ボタンを押して、PCおよびスマートフォン表示に切り替えて確認します。必要に応じて文字の大きさや画面の幅などを変更します。

⓫編集を終えたら、編集画面上部の右側にある「保存」ボタンを押してから、「プレビュー」ボタンを押して、再度見え方を確認しましょう。編集完了後は、必ず編集画面右上の「保存」ボタンを再度押して終了します。

SECTION 4-06 UTAGE

決済ページを作ろう

UTAGEでは、決済ページを簡単に作ることができます。ここでは、決済ページを作る一連の流れについて解説します。

決済ページファネルを追加する

決済ページを追加します。その手順は、以下の通りです。

❶ファネルの画面から「+追加」ボタンを押します。
❷テンプレートから「決済ページ（コンテンツ販売）」を選んで、「詳細」ボタンを押します。
❸「このファネルを追加する」ボタンを押すと「このファネルを追加します。よろしいですか？」という確認ダイアログが開きますので「OK」を押して「決済ページ（コンテンツ販売）」ファネルを追加します。
❹「決済ページ（コンテンツ販売）」のページ構成は、「決済ページ」と「サンクスページ」の2つになっています。決済完了後に表示されるページがサンクスページになります。

ロゴとタイトルを編集する

次に、決済ページのロゴとタイトルを編集します。その手順は、以下の通りです。

❶「決済ページ（コンテンツ販売）」のページの「編集」ボタンを押して、編集ページを開きます。

❷編集ページから編集したい要素を選択して、キャッチコピーや説明文の文言を自由に書き換えます。テンプレートに不要な要素がある場合は削除したり、文字の大きさや色を変更したりします。

連携商品を設定する

次に、連携商品を設定します。その手順は、以下の通りです。

❶決済フォームの下にある、顧客が「お名前」や「メールアドレス」などを入力する箇所を決済要素と呼びます。

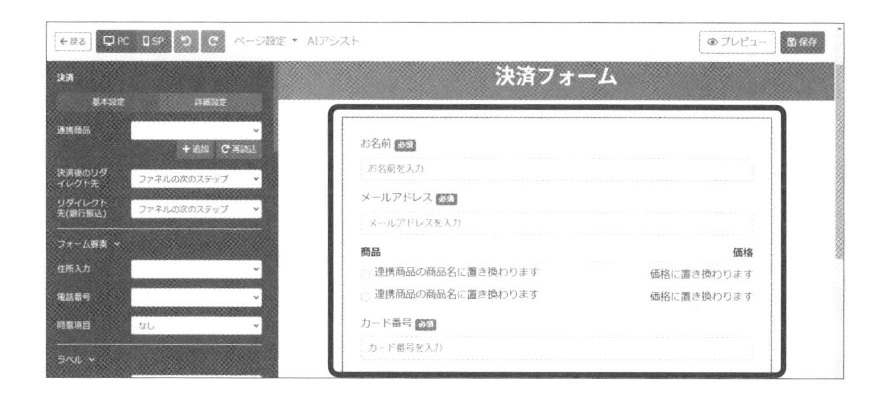

❷決済要素を選択し、画面左のサイドパネルの「連携商品」から、決済フォームに追加したい商品を選びます（例：お試し体験セッション）。商品の追加方法は、2章の解説を参考にしてください。

選んだ商品が決済要素の「商品」の箇所に自動で反映されます。

フッターを整える

最後にフッターを編集します。その手順は、以下の通りです。

❶LPなどと同様に、フッターの要素を選択して、画面左のサイドパネルの「プライバシーポリシーURL」、「特商法URL」、「会社概要URL」

「Copyright」の情報を入力します。編集後は、編集画面上部の右側にある「保存」ボタンを押します。

サンクスページを編集する

次に、サンクスページを編集します。その手順は、以下の通りです。

❶「決済ページ（コンテンツ販売）」のサンクスページの「編集」ボタンを押して、編集ページを開きます。

❷各要素を選択し、タイトルや本文を適宜編集します。フッターも忘れず編集します。編集後は、編集画面上部の右側にある「保存」ボタンを押します。

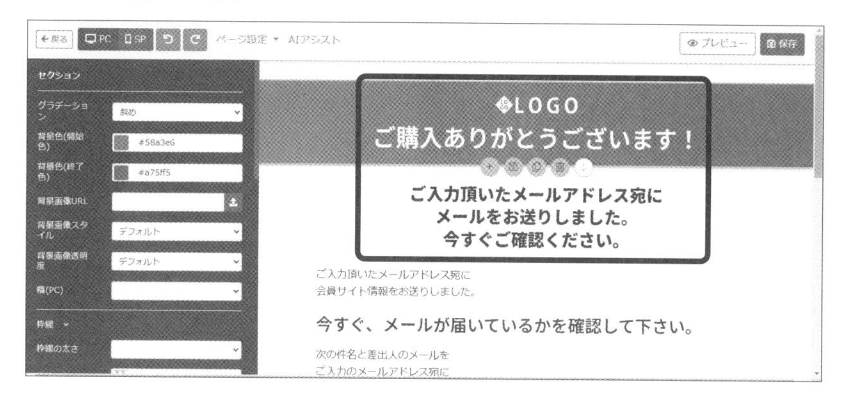

UnivaPayのテストモード決済でテストする

「決済ページ」のすべての編集を終えたら、テストモードという「テスト決済」ができるモードを使って、実際に自分で注文をしてみましょう。そこで請求書や領収書が送られてくるかどうかをテストします。

❶ファネルの一覧から、作成し終えた「決済ページ（コンテンツ販売）」ファネルの右側にある「︙」を押して、「共通設定」を選択します。

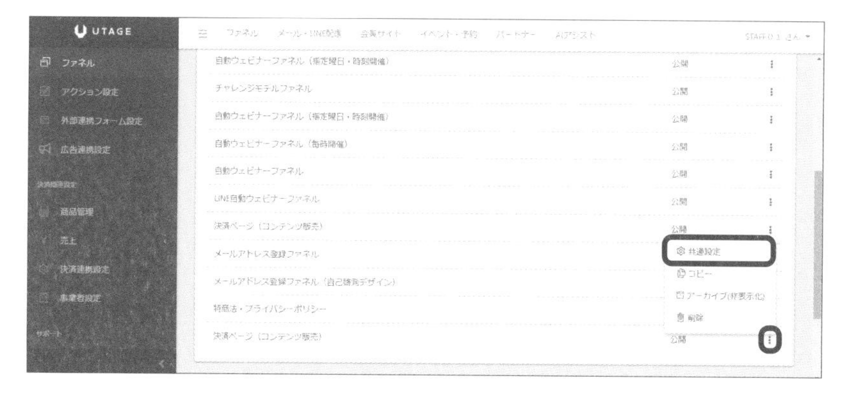

❷画面下部にある「決済モード」を「本番」から「テストモード」に切り替えて、「保存」ボタンを押します。これで「テストモード」の準備が完了します。

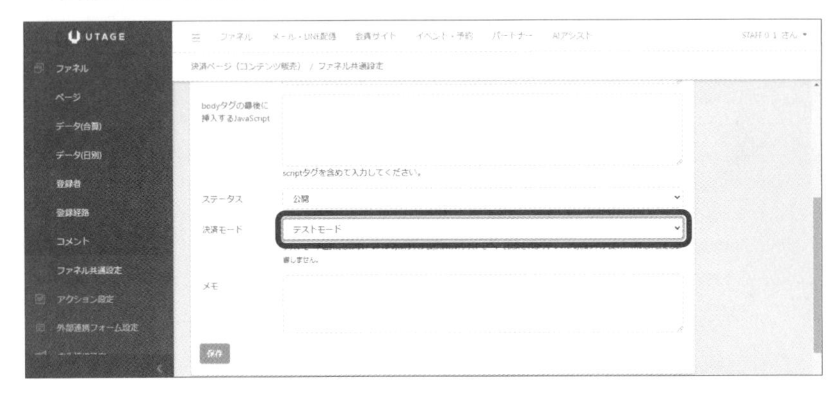

❸ファネル画面に戻って、「決済ページ（コンテンツ販売）」の右側に「テスト決済モード」の赤い表示があることを確認します。

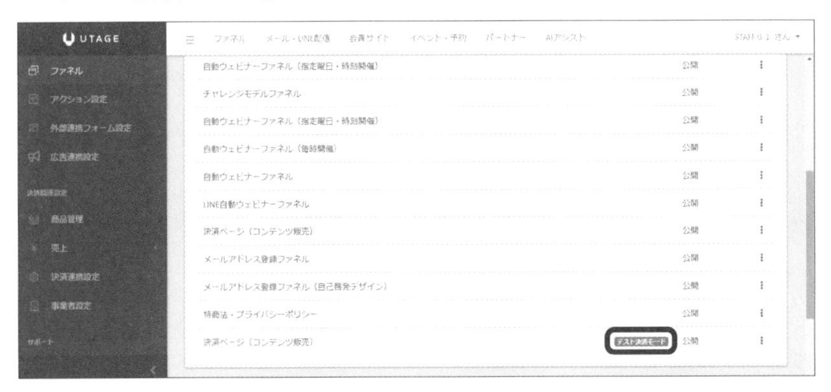

❹「決済ページ（コンテンツ販売）」の編集画面から「決済ページ」のURLをコピーして、別に新たなブラウザを立ち上げてそこにペーストして、決済フォームを表示させます。

以降の手順は、クレジットカード決済の場合と銀行振込とで異なります。

●クレジットカード決済の場合

❶「商品」のところでクレカ決済用の商品を選択して、決済フォームに「名前」「メールアドレス」「電話番号」を入力します。

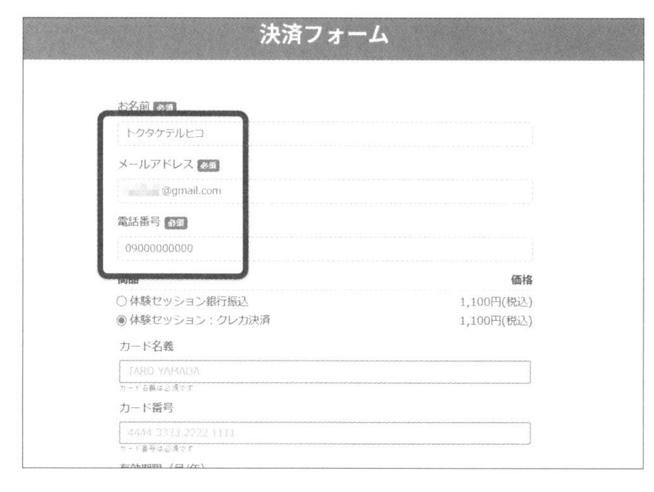

❷カード名義については、UTAGEが用意しているカード情報を用います。決済については、使うクレジットカードによって、テスト方法が異なります。

UTAGEとシステムが連動しているクレジットカードは、UnivaPay、Stripe、テレコムクレジット、AQUAGATESがあります。UTAGEの公式マニュアルサイトで最新情報を確認してテストすることをおススメします。

ここでは、もっともよく使われるUnivaPayでテストする方法を解説します。UnivaPayの場合、以下の内容をフォームに入力します。

- **カード名義：**任意（例：TEST TEST）
- **カード番号：**4000020000000000
- **有効期限：**当月以降の年月
- **セキュリティコード：**任意の３桁の数字（123など）

❸「個人情報取得への同意」のチェックを入れて、「注文を確定する」ボタンを押します。

❹設定したサンクスページが表示されることを確認します。

LOGO
ご購入ありがとうございます！

ご入力頂いたメールアドレス宛に
メールをお送りしました。
今すぐご確認ください。

ご入力頂いたメールアドレス宛に
会員サイト情報をお送りしました。

今すぐ、メールが届いているかを確認して下さい。

次の件名と差出人のメールを
ご入力のメールアドレス宛に
お送りしていますので、
必ず確認してください。
(メールが届いていないケースが多くあります)

件名：【重要】会員サイト情報をお送りします！
差出人：〇〇事務局

遅くとも5分以内にメールをお届けします。
もし、メールが届いていない場合には、
迷惑メールとして振り分けられている

銀行振込の場合

❶「商品」のところで銀行振込用の商品を選択して、決済フォームに「名前」「メールアドレス」を入力します。

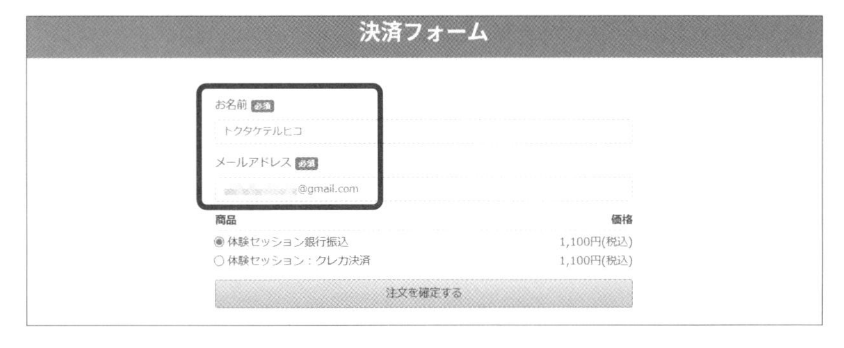

❷「注文を確定する」ボタンを押します。

❸設定したサンクスページが表示されることを確認します。

自動で送られる領収書と請求書を確認する

テスト決済が正常に行われたかどうかを確認します。その手順は、以下の通りです。

●クレジットカード決済の場合

❶販売者側に「購入通知」のメールが届きます。メールが届いているか、またその内容を確認します。

[購入通知] 体験セッション - 体験セッション：クレカ決済

no-reply@utage-notify.com
To 自分 ▾

UTAGE より
商品の購入がありましたのでお知らせします。

[購入者情報]
氏名：トクタケテルヒコ
メールアドレス：@gmail.com
電話番号：
住所：

❷さらに販売者側にUnivaPayから「会社名」＋「課金のお知らせ」というタイトルのメールが届きます。メールが届いているか、またその内容を確認します。

BLDコンサルティング　課金のお知らせ　受信トレイ ×

no-reply@univapay.com
To ▾

このメールは決済されたメールアドレス宛に自動的に送信しております。
決済情報をご確認のうえ、大切に保管してください。

この度は、BLDコンサルティングをご利用いただき誠にありがとうございます。
下記の通り、課金が行われましたのでご確認ください。

[支払方法　] クレジット（Visa）
[課金ID　] 11ef736d-e26a-f842-bffb-335fe26c871e
[課金日時　] 2024/09/15 23:22:05
[課金金額　] JPY 1100
[請求名　] ${descriptor}

BLDコンサルティング　お問い合わせ先情報

❸購入者側には、「領収書送付のご案内」というタイトルのメールが届きます。メールが届いているか、またその内容を確認します。

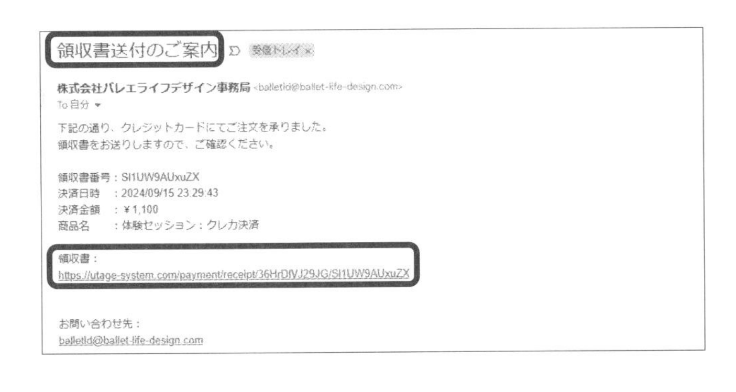

❹メール内のリンクから領収書が発行されていることを確認します。

銀行振込の場合

❶販売者側に「申込通知」のメールが届きます。メールが届いているか、またその内容を確認します。

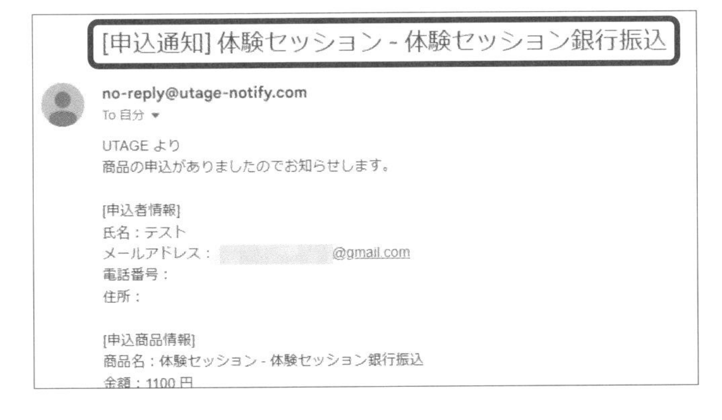

❷購入者側には、「お振込先のご案内」というタイトルのメールが届き

ます。メールが届いているか、またその内容を確認します。

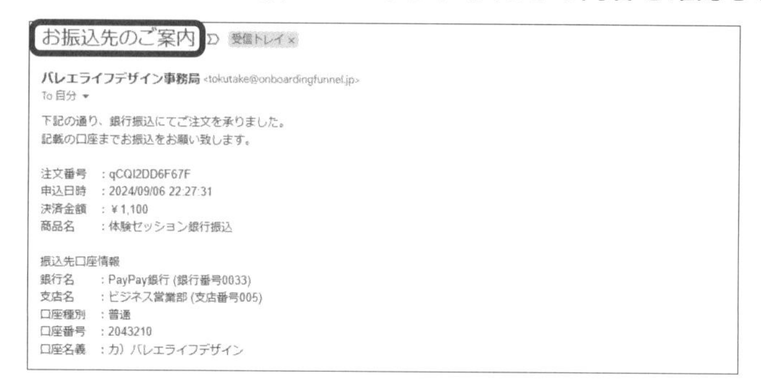
お振込先のご案内 受信トレイ ×

バレエライフデザイン事務局 <tokutake@onboardingfunnel.jp>
To 自分

下記の通り、銀行振込にてご注文を承りました。
記載の口座までお振込をお願い致します。

注文番号 : qCQI2DD6F67F
申込日時 : 2024/09/06 22:27:31
決済金額 : ￥1,100
商品名 : 体験セッション銀行振込

振込先口座情報
銀行名 : PayPay銀行 (銀行番号0033)
支店名 : ビジネス営業部 (支店番号005)
口座種別 : 普通
口座番号 : 2043210
口座名義 : カ) バレエライフデザイン

❸メール内のリンクから請求書が発行されていることを確認します。

請求書

テスト 様

発行日 2024年09月16日
請求番号 H7Og9lmzHX12
株式会社バレエライフデザイン
登録番号

ご請求金額(税込) ￥1,100—
お支払期限 2024年09月23日

単位: 円

品名	単価	数量	金額

売上を確認する

最後に売上を確認します。

UTAGEトップページの左サイドパネルの「売上」をクリックして、「売上一覧」から確認することができます。

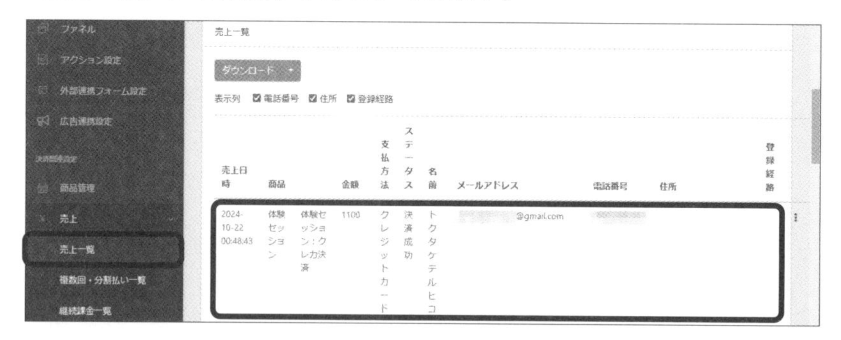

SECTION 4-07 UTAGE

自動ウェビナーページを作ろう

UTAGEでは、参加者の行動を促す効果的な自動ウェビナーを作成することができます。柔軟なスケジューリングができるため、運営側にも大きな負担をかけずに、効率的な集客をすることができます。

自動ウェビナーファネルを追加する

UTAGEでは、録画したセミナーをライブ配信しているかのように見せることができる自動ウェビナーを簡単にスケジューリングできます。自動ウェビナーを特定の日時に開催するという制限を設けることで、緊急性を高め、視聴率の向上が期待できます。

UTAGEでは自動ウェビナーのテンプレートがいくつかありますが、今回は一番使い勝手の良い「自動ウェビナーファネル（指定曜日・時刻開催）」で解説をします。

自動ウェビナーを作成する手順は、以下の通りです。

❶【ファネル】の画面から「+追加」ボタンを押します。

❷「自動ウェビナーファネル（指定曜日・時刻開催）」を選択して、「詳細」ボタンを押します。

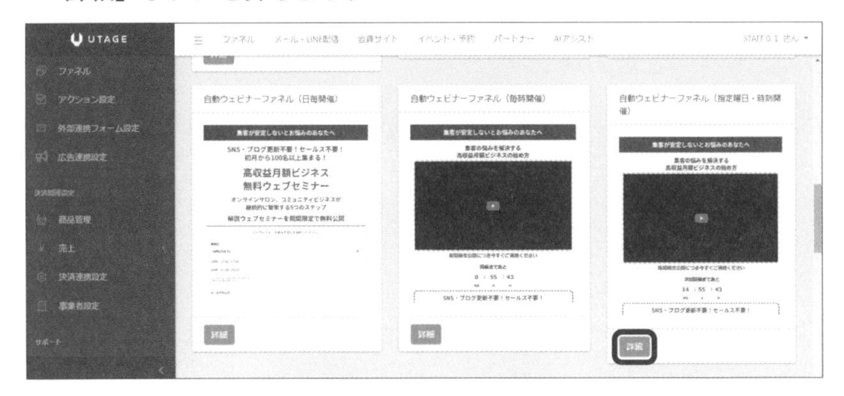

❸「このファネルを追加する」ボタンを押すと、「このファネルを追加します。よろしいですか？」という確認ダイアログが開きますので「OK」を押して、「自動ウェビナーファネル（指定曜日・時刻開催）」を追加します。

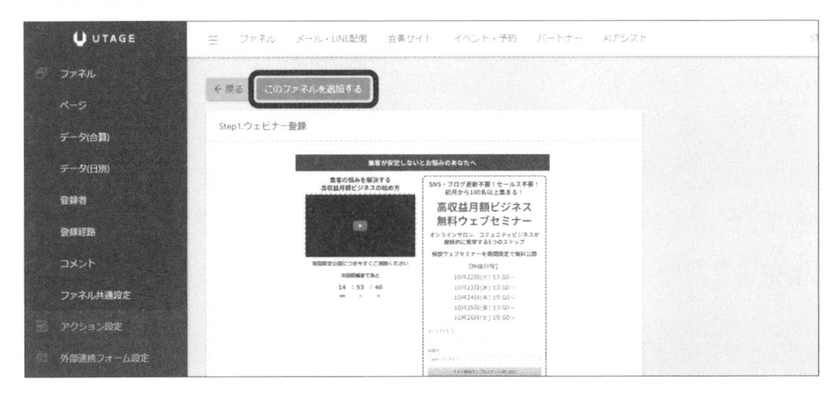

自動ウェビナーを設定する

ここでは、自動ウェビナーの設定方法について解説します。その手順は、以下の通りです。

❶追加した「自動ウェビナーファネル（指定曜日・時刻開催）」を開いて、「自動ウェビナー設定」タブをクリックします。

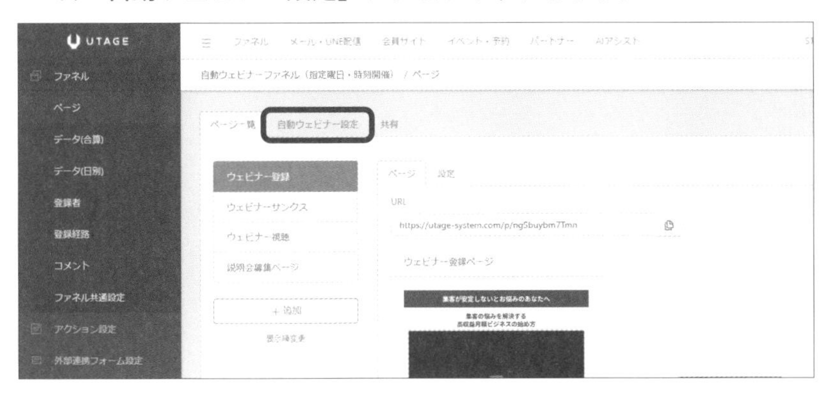

❷「自動ウェビナー設定」について、以下のような内容で設定します。

- **開催周期：**「指定した曜日・時刻に開催」のままで大丈夫です。必要に応じて変更してください。
- **ウェビナーの長さ：**ウェビナーの時間を設定しましょう。
- **日程選択形式：**「指定した期間の日程から選択」のままで問題ありません。
- **開催日：**何日後から開催するのかを設定します。あまり長い日程を設定すると緊急性が損なわれてしまうため、例えば、当日から2日間を設定します。その場合、「0」日後から「2」日間と設定します。

  さらに、曜日ごとの開催時刻を設定します。1日に時間を変えて複数回開催する設定も可能です。
- **リプレイ配信日数：**あまり長い日数を設定せず、例えば、当日から2日間を設定します。
- **チャット機能：**「利用しない」を設定

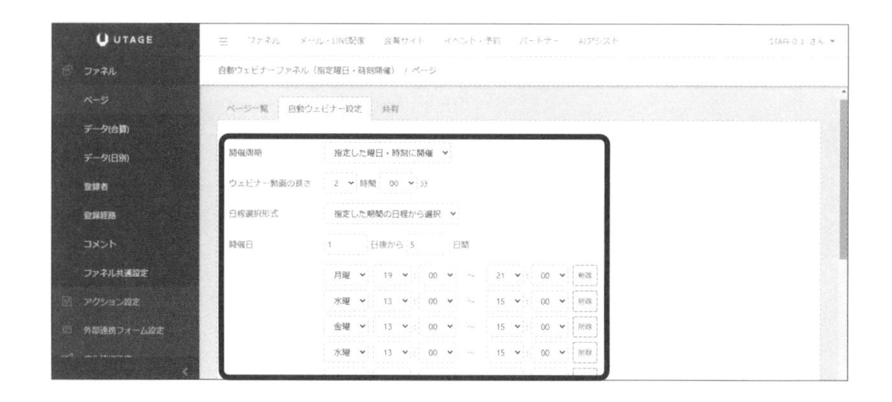

❸設定後は、左下にある「保存」ボタンを押します。

ウェビナー登録ページを編集する

　ここでは、自動ウェビナー登録ページの編集について解説します。その手順は、以下の通りです。

❶ウェビナー登録ページの「編集」ボタンをクリックして編集画面を開きます。

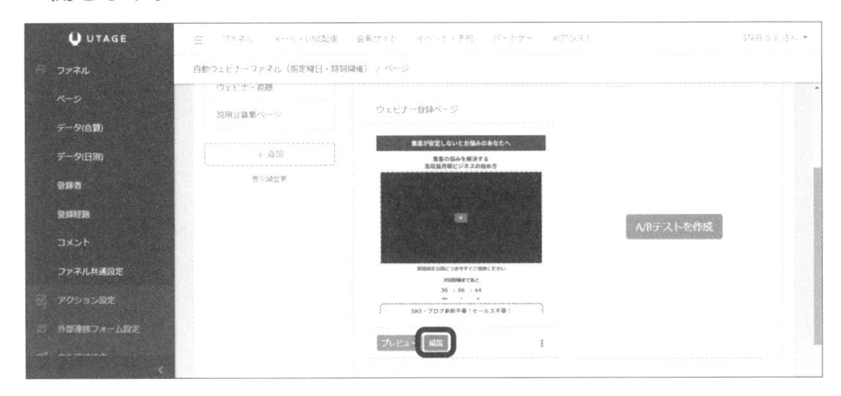

❷「ページ設定」の「基本情報」からページタイトルを入力（例：初回ウェビナー視聴申し込みページ）して、「保存」ボタンを押してから画面を閉じます。

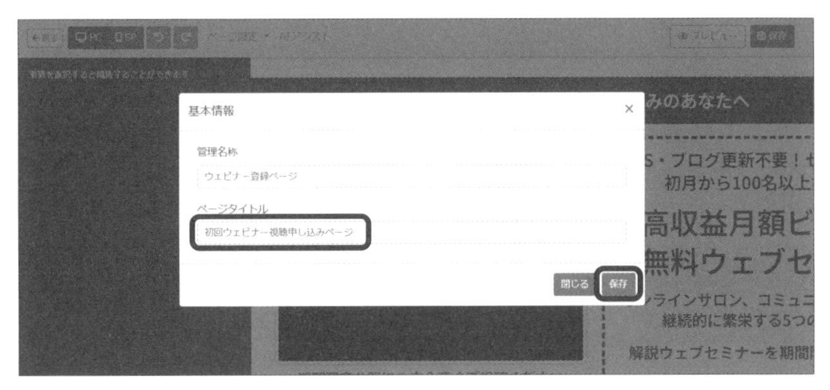

❸ページ内容をカスタマイズします。上部にある帯の文言をウェビナーの内容に合わせて編集します。挨拶動画を配置させることもできます。申し込みボタンが複数あるなど不要な要素があれば、要素か行ごと削除します。編集後は、編集画面上部の右側にある「保存」ボタンを押します。

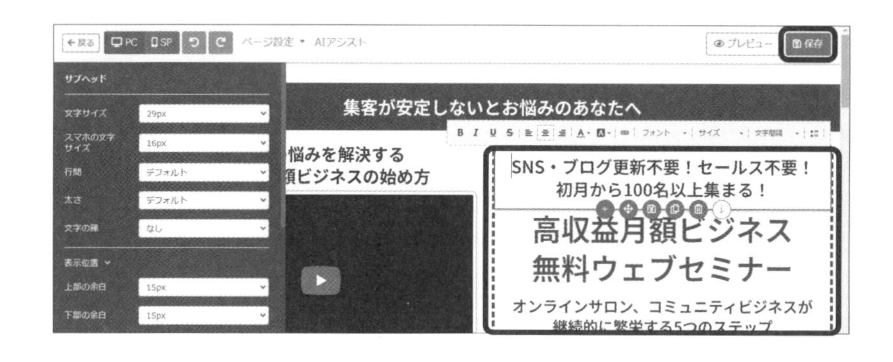

ウェビナーフォームを設定する

ここでは、自動ウェビナー申し込みフォームの設定について解説します。その手順は、以下の通りです。

❶ウェビナー登録ページの「編集」ボタンをクリックして編集画面を開き、申し込みフォームの青い要素をクリックして選択します。左サイドパネルに「ウェビナーフォーム」が表示されます。

❷「連携シナリオ」であらかじめ作成しておいたステップ配信シナリオ（ステップ配信シナリオの作成方法は、「メール・LINE編」にて詳細を解説しています）を選択し、設定します。これにより、ウェビナー申し込み後の自動メール配信が設定されます。

❸次に、登録後のリダイレクトを設定します。左サイドパネルにある「登録後のリダイレクト先」を「指定したURL」に設定し、「リダイレクト先URL」の欄にあらかじめ用意しておいたLINE登録URL（こちらも同様に「メール・LINE編」にて詳細を解説しています）を選択します。

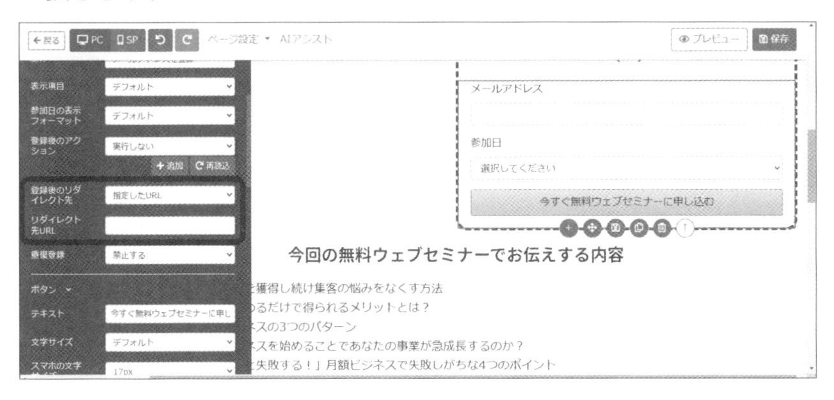

申し込み時にメールアドレスは取得済みですが、リダイレクト先としてLINE登録URLを設定しておくことで、メールアドレスと同時にLINEも取得できます（ダブルオプトイン方式）。実際にメールよりもLINEの方が開封率は高いため、メールアドレスとLINEの両方の連絡先を取得しておくことをおススメします。

❹申し込みボタンを目立つようにカスタマイズします。ボタン内のテキストを編集したい場合は、左サイドパネルのボタンの欄にある「テキスト」の内容を編集します。ボタンを大きくしたい場合は、同様に左サイドパネルの「文字サイズ」を大きくします。また「ボタンテーマ」でデザインを変更して目立つように編集します。

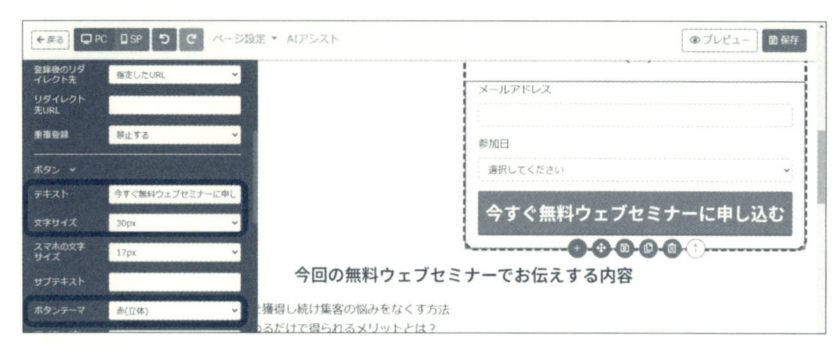

❺編集画面上部左側の「PC」「SP」ボタンを押して、パソコンとスマホで表示を切り替えて見え方を確認します。「スマホの文字サイズ」を適宜変更してスマホでの見え方を最適化します。

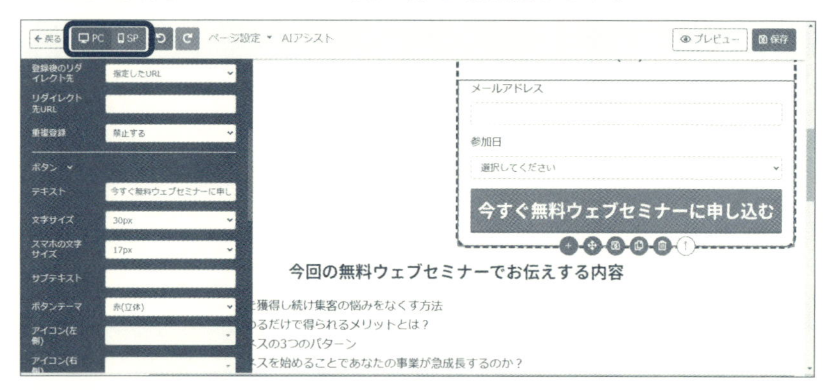

❻編集が終わったら編集画面上部右側の「プレビュー」ボタンを押して、確認します。開催日程の設定が反映されているか、ボタンの見え方などを確認します。編集後は、編集画面上部の右側にある「保存」ボタンを押します。

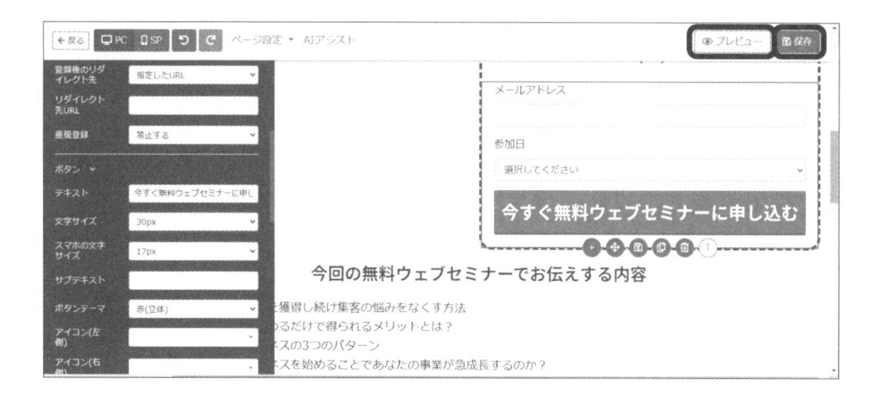

ウェビナーサンクスページを編集する

ここでは、自動ウェビナー申し込み後のサンクスページの設定について解説します。その手順は、以下の通りです。

❶ページ一覧から「ウェビナーサンクス」ページを開いて、URLを編集します。URLはお客様に送るページになるため、意味のない文字列よりも分かりやすいもの（例：webinar_thanks）に変えておきましょう。

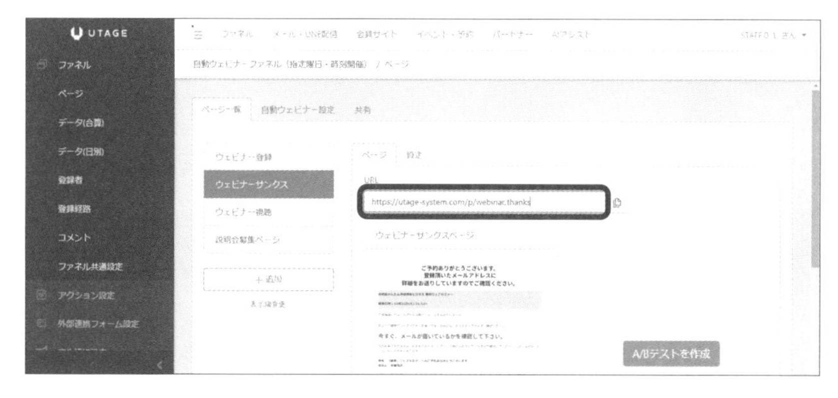

❷「ウェビナーサンクス」ページの「編集」ボタンを押します。

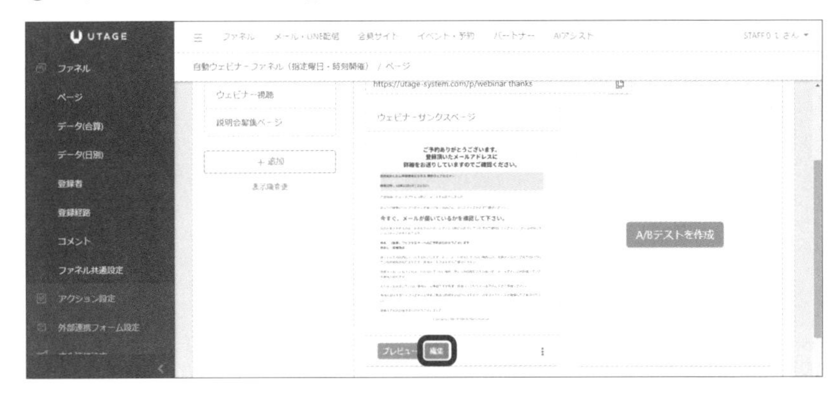

❸編集画面に表示されている「開催日時」は、「ウェビナー登録」のページでお客様が選んだ日時が自動的に反映されるようになっているので、要素を削除したりはせず、このまま残しておきます。

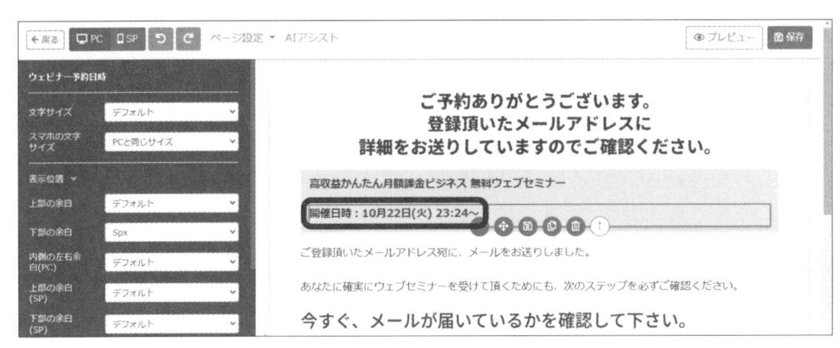

❹ウェビナーのタイトルや冒頭の挨拶文などを適宜編集します。

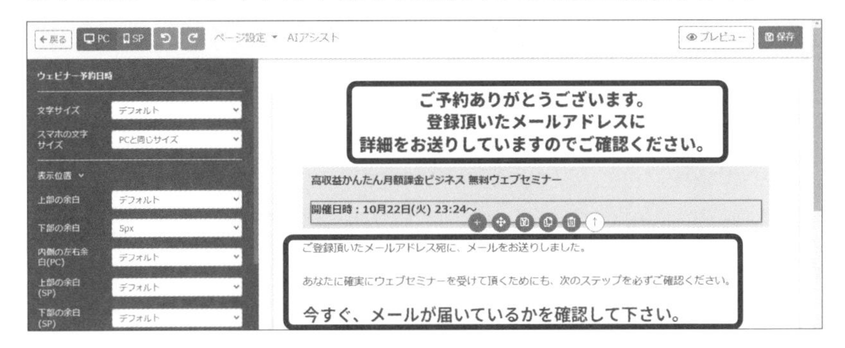

❺フッターの要素を選択して、画面左のサイドパネルの「プライバシーポリシーURL」、「特商法URL」、「会社概要URL」「Copyright」の情報を入力します。

❻「ページ設定」から「基本情報」を選択します。「ページタイトル」欄にわかりやすいタイトル（例：ご予約ありがとうございます）を入力して、「保存」ボタンを押してから画面を閉じます。編集後は、編集画面上部の右側にある「保存」ボタンを押します。

ウェビナー視聴ページを編集する

ここでは、ウェビナー視聴ページを編集する方法について解説します。その手順は、以下の通りです。

❶追加したウェビナー視聴ページにある「編集」ボタンを押します。

❷「ページ設定」から「基本情報」を選択します。「ページタイトル」欄に分かりやすいタイトル（例：初回ウェビナー視聴ページ）を入力して、「保存」ボタンを押してから画面を閉じます。

❸ページの編集画面が開くので、要素を選択して、編集していきます。テンプレートにある要素の内容を確認し、必要そうなものを残して、不要な要素や行、セクションを削除します。不要な箇所を選択して、ゴミ箱アイコンをクリックして削除します。

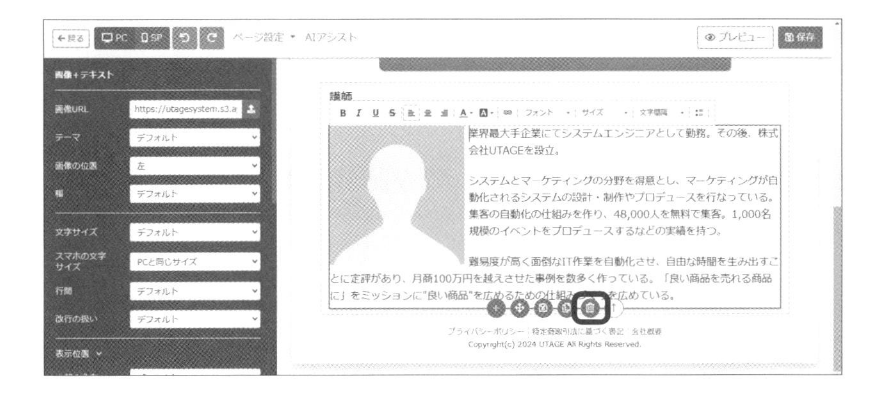

❹残した要素のテキストの文言を自分のセミナーや個別相談の詳細情報に合わせて編集します。編集後は、編集画面上部の右側にある「保存」ボタンを押します。

CTAページを編集する

効果的なCTA（Call To Action）ページを作成することで、ウェビナー視聴者が説明会や個別相談などへの申し込みを促進させることができます。ここでは、CTAページの作成方法について解説します。その手順は、以下の通りです。

❶UTAGEでは、CTAページとして、「説明会募集ページ」というテンプレートがあらかじめ用意されています。ページ一覧から「説明会募集ページ」ページを開いて、URLを編集します。URLはお客様に送るページになるため、意味のない文字列よりも分かりやすいもの（例：setumeikai-page）に変えておきましょう。

❷「説明会募集ページ」の「編集」ボタンを押して編集画面を開きます。

❸「ページ設定」から「基本情報」を選択します。「ページタイトル」欄に分かりやすいタイトル（例：説明会募集ページ）を入力して、「保存」ボタンを押してから画面を閉じます。

❹編集画面から不要な要素を削除したり、記載内容を自社の説明会に合わせたりして修正していきます。

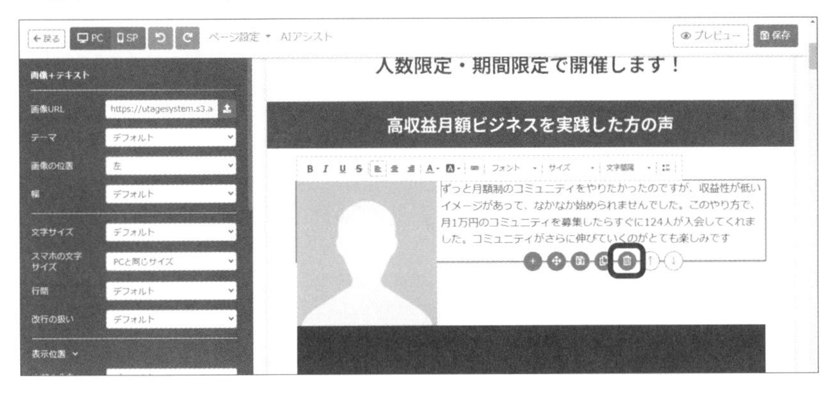

❺テンプレートには、説明会の開催日時が入っていたり、申し込みボタンが設定されていたりします。申し込みボタンを押すと、別のページや外部リンク先にリダイレクトすることもできますが、顧客の離脱率を下げるためにも、申し込みは同じページ内にあった方がよいため、ここでは申し込みフォームを同ページ内に埋め込むことをおススメします。その場合、説明会の開催日時や申し込みボタンが含まれている要素を削除します。

❻新たな要素を追加します。セクションの内側にカーソルを合わせると青い枠が表示された下に出てくる「＋」アイコンをクリックします。

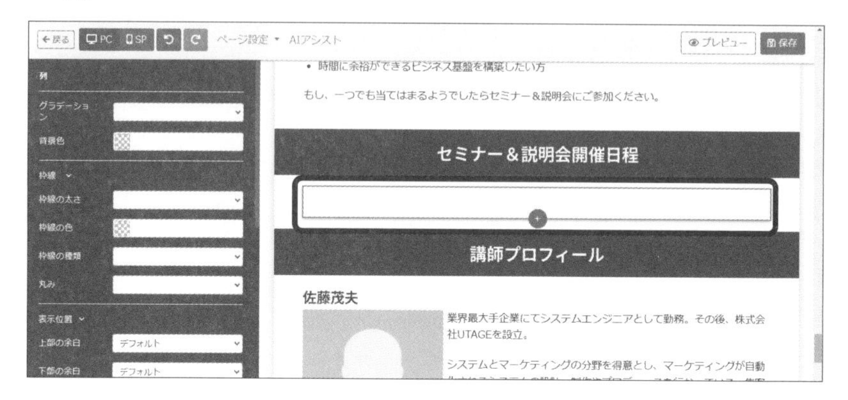

❼要素追加の一覧から「イベント・予約」の「申込フォーム」を選択してクリックします。

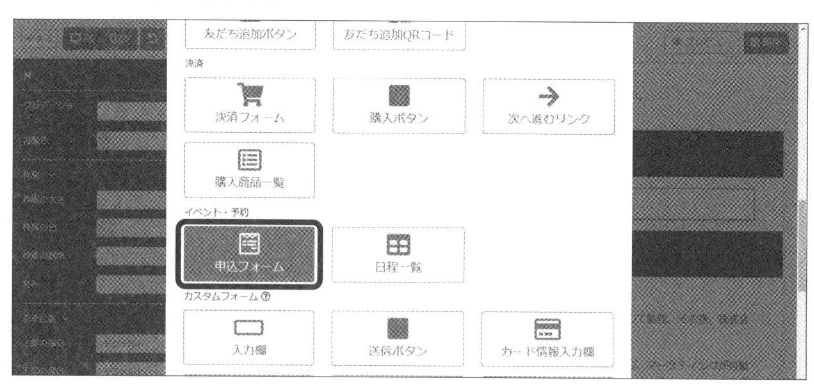

❽追加された要素「申込フォーム」を選択します。左サイドパネルの「イベント・予約申込フォーム」の「連携イベント」から事前に作成した申込フォームを選択します。

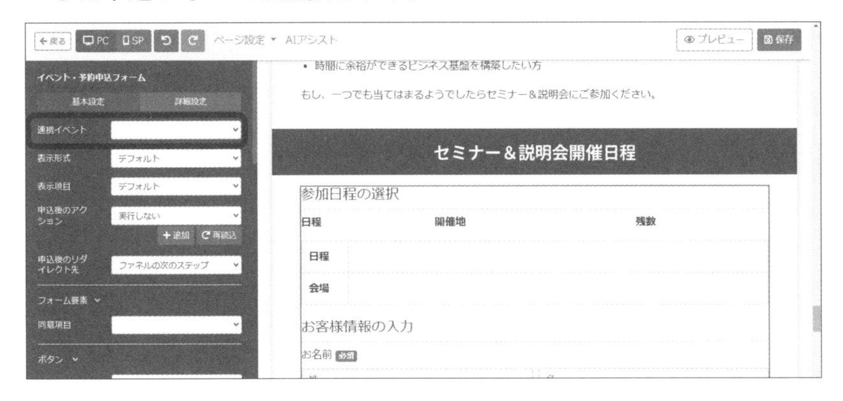

❾お客様が説明会に申し込んだ後のリダイレクト先を設定します。例えば、リダイレクト先にLINEを指定することで、お客様が説明会の予定をカレンダーに登録や、開催前にお客様にステップLINEやリマインドなどのアクションをすることが可能となります。その場合の設定は、申込フォームの要素を選択したときに表示される左サイドパネルの「イベント・予約申込フォーム」の「申込後のリダイレクト先」を「指定したURL」を選択して、「リマインド先URL」に説明会用に作成したLINE公式アカウントの登録URLを設定します。

❿適宜、申し込みボタンをカスタマイズします。ボタン内のテキストを編集したい場合は、左サイドパネルのボタンの欄にある「テキスト」の内容を編集します。ボタンを大きくしたい場合は、同様に左サイドパネルの「文字サイズ」を大きくします。また「ボタンテーマ」でデザインを変更します。

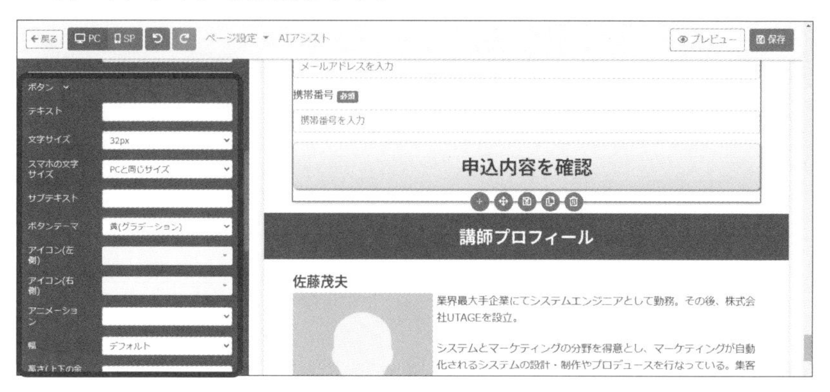

⓫フッターの要素を選択して、画面左のサイドパネルの「プライバシーポリシーURL」、「特商法URL」、「会社概要URL」「Copyright」の情報を入力します。編集後は、編集画面上部の右側にある「保存」ボタンを押します。

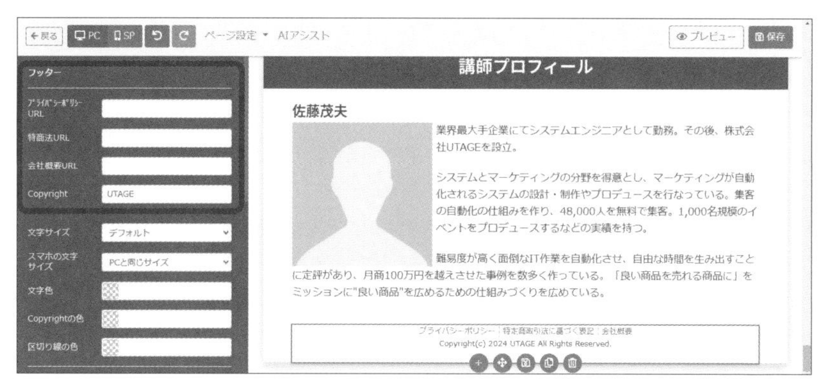

CHAPTER
5

Meta広告に出稿する

5

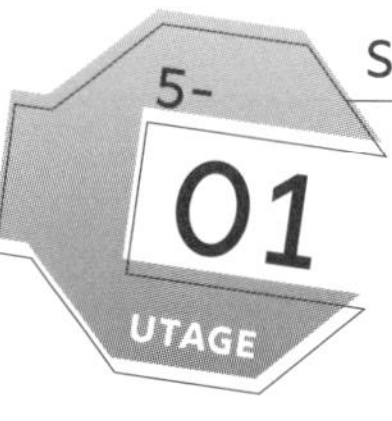

SECTION

UTAGEに最適な広告媒体とは？

UTAGEの最大の特徴はファネル。ファネルは顧客を教育するための武器です。その武器の効果を最大限発揮できるのはMeta広告です。

なぜ広告を使う必要があるのか？

コロナの影響で、多くの企業や個人がビジネスをオンライン化させ今まで以上に多くの人が無料ブログや無料SNSを使って集客を試みました。

その結果、オンラインでの競争は大幅に激化し、今までのやり方ではその他大勢に埋もれてしまうケースが増えています。

実際に筆者のクライアントは、インスタを１日３投稿、アメブロ１投稿、合計４投稿を毎日続けて無料投稿だけで集客し、月間100リスト以上集めていました。しかしコロナ以降、同じことをやっていても月間15リストしか取れなくなり、売上が激減したそうです。

しかし広告はお金さえ出せば誰でも露出が増え、例え後発でもライバルを抜いて集客することができます。

安定した集客は安定した売上につながります。無料SNSだけで売上を作る時代は、よっぽどの影響力を持った人は例外として、もはや終焉してしまったというのが筆者の印象です。

●圧倒的に時間と労力の節約になる

広告を使うことで例え後発スタートでも、ライバルを一気に抜き、短期間でリストが増えます。例えば、50リストなら最短1週間でも獲得可能です。

そのリストのうち、1名でも2名でも成約が取れたらすぐに売上が立ちます。筆者のクライアントに元々、インスタ集客塾をやっていた女性起業家がいましたが、その方は毎日5～6時間かけてインスタに5投稿していました。土日も休むこと無く毎日続けて、何とか売上を作っていましたが、集客に5～6時間かかると、当然、自分の受講生サポートが追いつかなくなります。そこで限界に達し、広告集客に乗り換えられました。

●テストし、効果測定ができる

広告を使うということは、クリック率など反応が数字で確実にわかるようになる、ということです。どのキャッチコピーが見込み客にとって刺さるのか？　広告なら簡単にテストできます。そして当たり広告を見つけてしまえば半年、1年と同じ広告画像を使ってもずっとリストが獲得できます。

無料SNSでは、いいね数や保存数はわかっても、その投稿からリストが取れたか、あるいはその投稿から結局、商品サービスを買ってくれたのかどうかまでは追えません。しかし、UTAGEを介して広告を使うことで、どの広告が結局売上を作っているのかがわかるようになります。つまり広告でテストを繰り返せば繰り返すほど反応率が上がりあなたの売上がより安定するようになるということです。

なぜMeta広告が良いのか？

広告のメリットがおわかりいただけたところで、どの広告を使えばよいのでしょうか？　何と言ってもUTAGEと相性が良いのはMeta広告です。

その理由をお伝えします。

●大手と戦わずに済む！

例えば、あなたが「頭痛がする」と困った時、どうしますか？　すぐに痛み止めを買いたいならアプリでドラッグストアの場所を検索しますよね。

頭痛の原因を知りたいとしたら「頭痛の原因」と入力し、GoogleやYahoo!などの検索エンジンで解決策を探します。

これは、検索エンジンが膨大な情報を短時間で探し出せる便利なツールだからです。

大手企業は、このユーザーの行動をよく知っているので大量の広告費を投じて、検索結果の上位に自社の広告を表示させて、検索結果を独占しようとします。つまり、ユーザーが求めているキーワードで検索した時に、豊富な資金を投入し、真っ先に自社の広告を見てもらえるのです。

しかし、私達ひとり起業家や零細企業は、大手企業のように膨大な広告費を投じることができません。

では、零細企業は何もできないのでしょうか？　いいえ、そんなことはありません。

Meta広告は、そんな零細企業にもチャンスを与えてくれる広告手段です。

大手がGoogle広告で「頭痛薬 おすすめ」といったキーワードで検索する『今すぐ客』を狙っているなら私達は『今すぐ客』狙いはやめましょう。あえて『まだまだ客』を狙います。

例えば、Meta広告で「頭痛がひどいときの対処法」とか「頭痛持ちの方へ」といったターゲット層に合わせた広告を配信します。

いますぐには買ってくれない「まだまだ客」もUTAGEを使いファネルを通すことで顧客教育をして、「いますぐ客」に変身してもらえば良いのです。

このようにMeta広告を使うことで大手と戦わずして勝つことができます。

●精密なターゲティングとデータ活用で質の高い見込み客に出会える！

Meta社は、私達のFacebookやインスタ上での行動に関する全データを持っています。

例えば、自分のペットの写真ばかり投稿したり、動物の投稿ばかり見たりしているユーザーがいたらその人はペットフードを買う可能性が高いですよね。

つまりユーザーの行動データを豊富に保持しているため、Meta広告を使う私達にとっては非常に精密なターゲティングが可能です。年齢、性別、職業、興味、ライフスタイルなどの詳細なユーザーデータに基づいて、適切なオーディエンス（広告閲覧者）に広告を表示できます。

●視覚的に訴求できる！

Meta広告は、動画、写真、ストーリーなど、多様な形式をサポートしていてビジュアル中心の広告です。そのため、ユーザーの感情や直感に強く訴えることができ、「まだまだ客」が思わずクリックしたくなる広告の作成が可能です。

●広告感のない広告が作れる！

Meta広告は、ユーザーのタイムライン（フィード）上に表示されるので親近感を感じやすいフォーマットです。そのため他の無料投稿と自然に溶け込むため、ユーザーが広告であることを意識せずに反応することが多いです。

●AIの力を借りて設定と運用が簡単！

Meta広告は日々進化していて、特にAIによるターゲット設定の精度がとても優秀です。以前は、見込み客の詳細な興味は関心事まで設定しないと質の高い見込み客に出会えませんでしたが、今はAIの進化によって性別と年齢、地域くらいでも最適な見込み客に素早く出会えることが可能になっています。

Meta広告ってどこに表示されるの？

Meta広告はFacebook、Instagram、Messengerなど、Meta社のプラットフォームの様々な場所に表示されます。

●Facebookの表示場所

- **フィード広告**：ユーザーのニュースフィードに表示され、友達の投稿やページのコンテンツと並んで表示されます。
- **ストーリーズ広告**：24時間で消える短時間の動画や画像広告がストーリーズとして表示されます。
- **右カラム広告**：デスクトップ版Facebookの右側のサイドバーに表示される広告です。
- **ビデオ広告**：Facebook内のビデオコンテンツに挿入される広告で、ユーザーの視覚と聴覚を引きつけます。

●Instagramの表示場所

- **フィード広告**：ユーザーのInstagramフィードに表示され、画像や動画形式で視覚的な影響を与えます。
- **ストーリーズ広告**：短時間のフルスクリーン広告がストーリーズとして表示されます。
- **エクスプローラー広告**：ユーザーが新しいコンテンツを発見するエクスプローラーページに表示される広告です。
- **リール広告**：ショートビデオコンテンツのリール内に表示される広告で、特に若年層のユーザーに効果的です。

●Messengerの表示場所

- **メッセージ広告**：Messengerの受信ボックス内に広告が表示されます。

Audience Network

オーディエンスネットワークとはMetaの広告パートナーネットワークに属する他のウェブサイトやモバイルアプリ内に表示される広告のことです。

意外なアプリ内であなたの広告が表示される場合もあります。

広告費ってどのくらい必要？

商品の15～20%くらいは必要経費と考えよう

広告予算の考え方はあなたの本命商品の値段やビジネスモデルによります。例えば、あなたが50万円の商品サービスを売っていたとします。広告を使わなければ、ほぼ100%利益になっていたでしょう。しかし前述のように無料集客で売上を作る時代は終わってしまいました。

そこで、商品の15～20%は広告費として考えるようにしましょう。これからの時代、オンラインビジネスをする場合は必要経費がかかると割り切って考える人がどんどん成功します。最初はお金を出すことに抵抗がある人がほとんどです。ですが筆者の経験上、一度でも売れれば、こんなに楽なことはない、むしろなぜもっと早く広告に切り替えなかったのかと後悔する人がほとんどです。

一度、売れれば広告は怖くなくなる

広告はどうしても先払いです。そしてMeta広告は基本的に表示回数によって課金されます。クリックされたら課金されるのではなく、表示されたらです。

その方が結果的に多くの見込み客にリーチできるので、結果的に売上が上がります。ただ、広告が初めての方はどうしても最初の成約までは恐怖でしかありません。1万、2万、5万、10万、15万と使っても成約が取れない場合もあるでしょう。

しかしその間、ただお金が減っていくのを見ているのではなく、「ど

んな言葉に変えたらもっとクリックされるのか？」「もっとLPから登録されるのか？」「もっと動画を見てくれるのか？」「もっと個別相談やセミナーの予約をしてくれるのか？」と必死になって改善をしているはずです。

その改善力があなたのマーケティング力を高め、10万、15万と使っている間にどんどんスキルが上達します。

筆者も最初の一人目の獲得までのお金が減っていく状態は恐怖でしかありませんでした。しかし自分のUTAGEで作ったファネルの強さと、改善はかならず成果に結びつくということを信じて続けた結果、20〜30万円使った段階でお一人の成約が決まりました。

私も含め、クライアントさんも一人決まるともう水を得た魚のようにどんどん1日の予算を上げることに抵抗がなくなります。

1日の予算が1,000円でも怖かったクライアントさんが、1日1万円、3万円と上げる人もいます。そのくらい広告を使うということは、すべてを数字で管理できるので、売上の見通しが立ち、お金を使うことが恐怖から、売上を作るための必要燃料というイメージに変わっていきます。あなたも数字で自分のビジネスを捉える世界へぜひ移行してください。

SECTION

5-02 UTAGE

Meta広告の初期設定をしよう

広告出稿するためには、Meta広告の初期設定が必要です。Facebook個人アカウントの作成、Facebookページの作成、支払い設定などの初期設定を行いましょう。

Facebook個人アカウントの作成

「Facebookページ」や「Meta Business Suite」「ビジネスマネージャ」を利用するには、まず個人アカウントを作成する必要があります。
（Meta Business Suiteとビジネスマネージャは、いずれもFacebookやInstagramのビジネスアカウントを管理するための便利なツールのことです）

❶facebook.com（https://www.facebook.com/）にアクセスして、「新しいアカウントを作成」をクリックする。

❷自分の名前、生年月日、性別、携帯電話番号またはメールアドレス、新しいパスワードを入力し、「アカウント登録」をクリック。

❸メールアドレスまたは携帯電話番号を認証（二段階認証）して、登録完了です。

アカウントの登録が終わったら、アクティブなユーザーとしての存在感を示し、フォロワーとのエンゲージメントを促進するよう、最低でも10投稿ぐらいしておくとよいでしょう。

友達もなるべく増やしておきましょう。

Facebookページを作成する

個人アカウントを使用して、Facebook上にビジネス用のページを無料で作成することができます。Facebookの利用者以外も自由に閲覧できることから、このFacebookページがあなたのビジネスやブランドを代表するものとなり、商品の宣伝や顧客とのコミュニケーションを可能にしてくれます。

ブランド認知度やフォロワーのエンゲージメント向上のため、

Facebookページ作成後、10投稿以上しておき、最低でも週に1回は更新するようにしましょう。

作成方法は以下の通りです。

❶以下のURLへアクセスする。

https://www.facebook.com/pages/create

❷「ページ名」と「カテゴリ」を入力し（自己紹介は任意）、「Facebookページを作成」ボタンをクリックする。

「ページ名」は広告主として広告にも表示されるので見込み客にとってわかりやすくなるべく短い名前にしておきましょう。

❸プロフィール写真、カバー写真なども信頼度アップのために設定してページをカスタマイズし、最後に「完了」をクリックすれば完成です。

インスタアカウントを作成する

Facebook広告を利用する際にはInstagramのアカウントを作成し、両方のプラットフォームを活用することをおすすめします。

以下が主な理由です。

●幅広くリーチできる

Instagramは特に若年層に人気のあるプラットフォームです。Facebookと連携することで、異なるユーザー層にアプローチが可能となります。

●広告の相乗効果が期待できる

FacebookとInstagramは同じ広告管理ツールを使用しているため、広告キャンペーンを一元管理できます。これにより、広告のパフォーマンスを簡単に分析し、最適化できます。

●ブランド認知を高められる

Instagramはブランドの認知度を高めるのに効果的です。フィードやストーリーズでの定期的な投稿により、フォロワーとの関係を築くことができます。

インスタグラムのアカウント作成は、以下の手順を踏みます（PC利用の場合）。

❶Instagramの公式ページ（https://www.instagram.com/）にアクセスし、「登録する」をクリック。
❷「電話番号またはメールアドレス」、「パスワード」「フルネーム」「ユーザーネーム」を入力し、「登録する」をクリックする。
❸誕生日を入力して、「次へ」を押す。
❹認証コード確認画面が表示されるので、先ほど設定したメールか電話番号宛てに送られてくる送信コードを入力して、「次へ」ボタンを押せば登録完了です。

Facebook個人アカウントの登録同様に、インスタグラムの方でもアカウント登録後は、最低10投稿はしておきましょう。

またプロフィール文章も整えておき、UTAGEで作ったオプトインLPのリンクなど張っておくと良いでしょう。

ビジネスポートフォリオを作成する

Facebookのビジネスポートフォリオとは、ビジネスマネージャ内で管理されるビジネス資産（ページ、広告アカウントなど）の集まりを指します。

ビジネスポートフォリオと似た概念のビジネスマネージャは、Facebook上で複数のビジネスや広告アカウント、ページなどを効率的に一元管理できるツールのことです。

Facebookでは、ビジネスマネージャーを使用して1つのFacebookアカウントにつき、2つまでのビジネスポートフォリオを作成することができます。

これにより、異なるビジネスやプロジェクトを別々に管理することが可能となります。

以下はビジネスポートフォリオの作成手順となります。

❶Facebookにログインした状態で、ビジネスマネージャのサイト（https://business.facebook.com/）へアクセスして「アカウントを作成」をクリック。

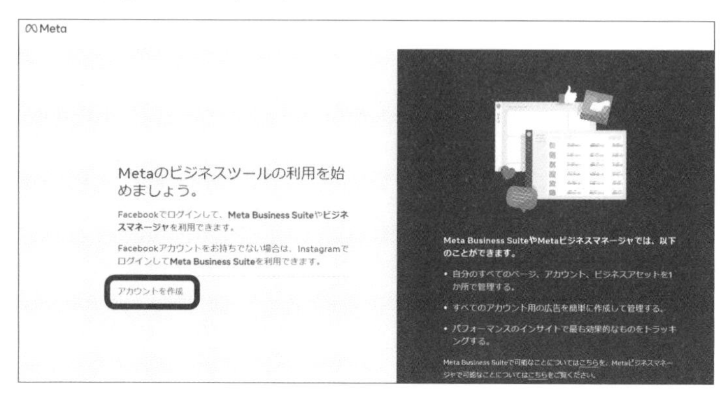

❷画面が切り替わったら、「ビジネスおよびアカウントの名前」にはあなたの会社名、屋号、または「名前＋ビジネスアカウント」としておき「あなたの名前」は名前、「仕事用メールアドレス」はFacebookのログインメールアドレスと同じものを入力し、「送信」を押す。

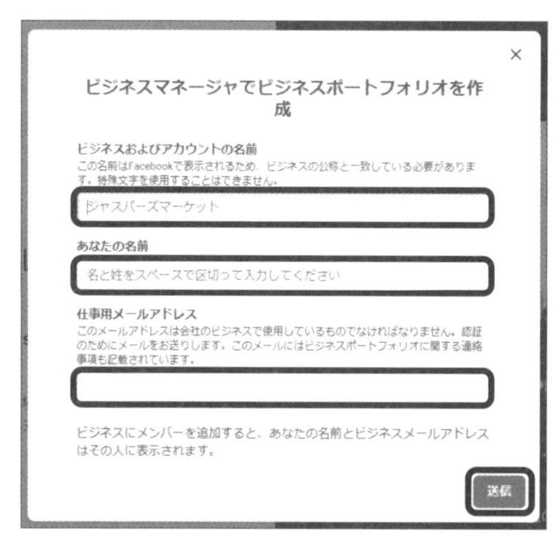

❸ポップアップ画面が表示されたら「完了」をクリック。

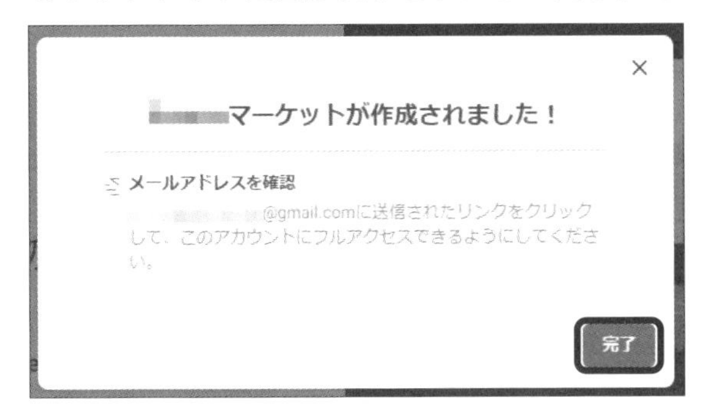

❹「ビジネスホーム」のページに遷移したら、Metaから先ほど入力したメールアドレス宛てに認証用のメールが届くので、「今すぐ認証」をクリック。

❺「ビジネス設定」の画面に切り替わったら、ビジネスポートフォリオの完成です。

Meta広告アカウントの作成と支払い設定

Meta広告アカウントとは、Facebook、Instagram、Messengerなどのソーシャルメディア上で広告を配信・管理するためのアカウントのことです。

Meta広告アカウントを作成することで、企業や個人がターゲット層に向けた広告キャンペーンを展開し、効果的に商品やサービスをプロモーションすることができます。

具体的には以下のようなことが可能となります。

- 広告の作成・管理
- ターゲティング（年齢、性別、地域、興味関心など）
- 広告予算やスケジュールの設定
- パフォーマンスの分析（クリック数、インプレッション、コンバージョンなど）

ここからは、Meta広告配信を開始するためのアカウント作成と支払設定をしていきましょう。

❶先ほど作成したビジネスマネージャ（https://business.facebook.com/）にログインする。

❷画面左上のメニューボタン（三本線）から「ビジネス設定」を選択する。

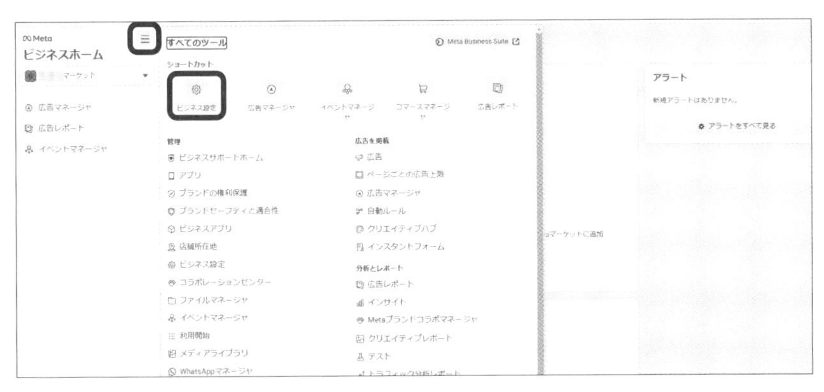

❸ビジネス設定画面で左側の「アカウント」から「広告アカウント」を選び、「追加」ボタンをクリックする。

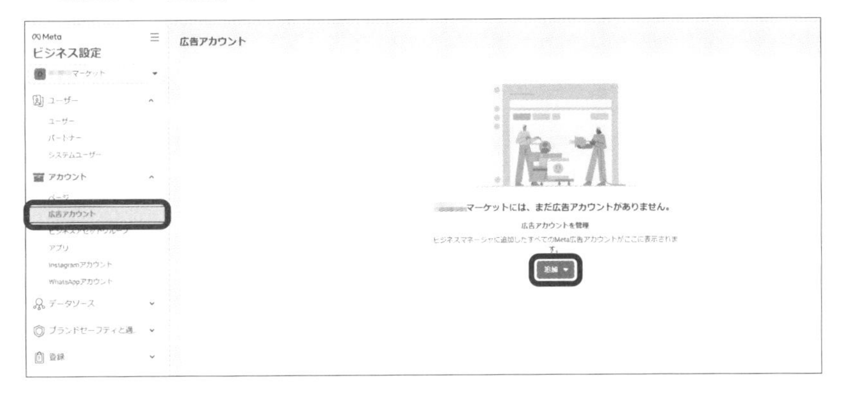

❹「追加」ボタンのプルダウンメニューから「新しい広告アカウントを作成」を選ぶ。

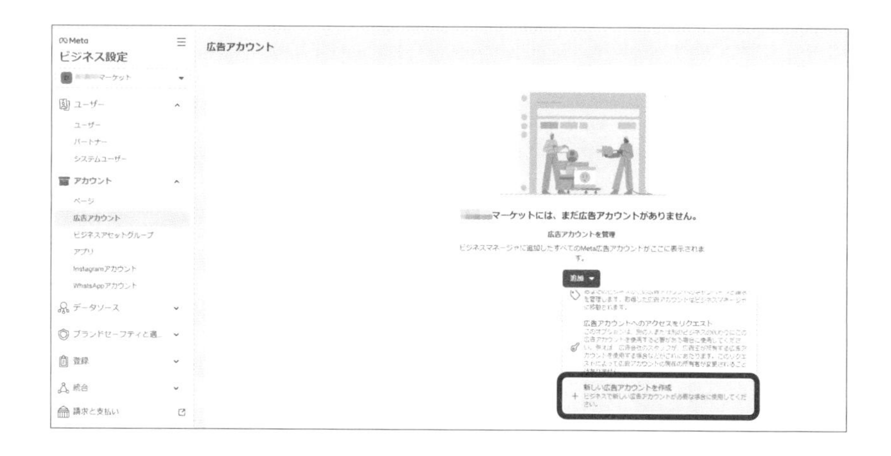

❺「広告アカウント名」を入力し、「時間帯」をAsia/Tokyo、「通貨」をJPY-日本円と設定。

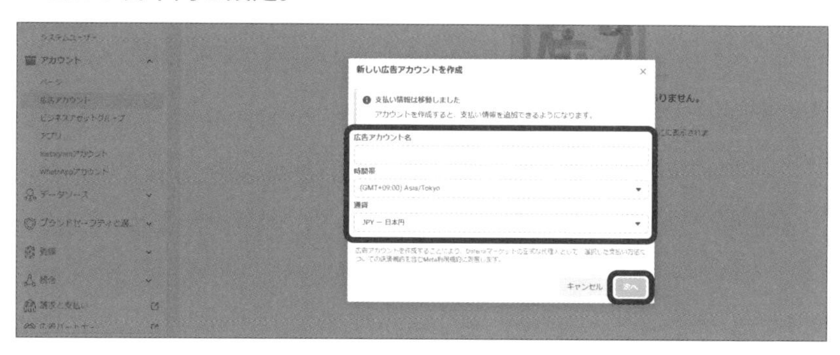

❻「この広告アカウントで宣伝するビジネス」を選び、「作成」ボタンをクリックする。

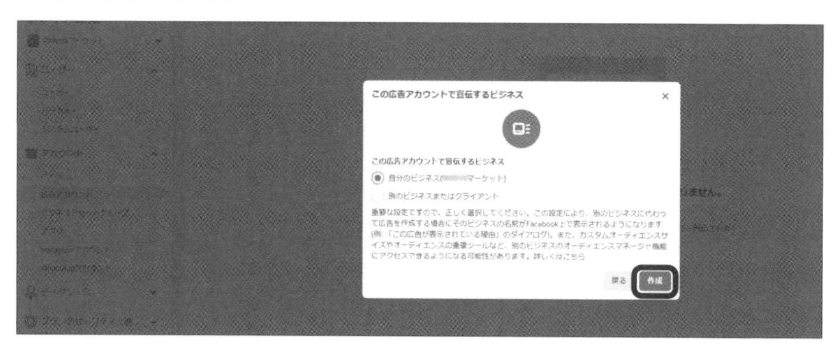

❼「ユーザーの追加とアクセス許可の設定」が表示されるので、自分のアカウント名と全権限の「広告アカウントの管理」にチェックを入れ、「アクセス許可を設定」ボタンを押す。

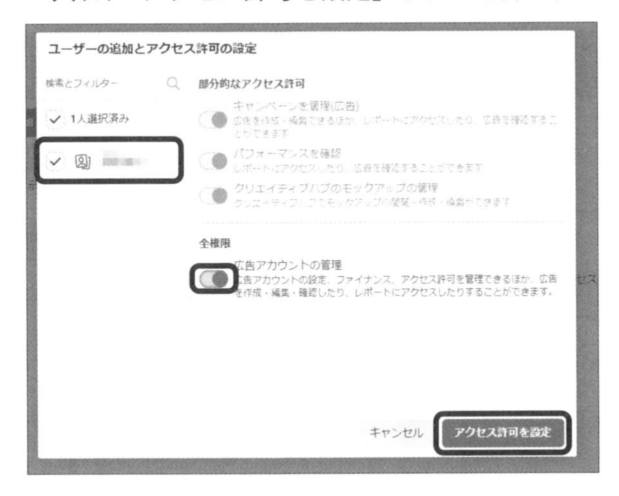

これでMeta広告アカウントの作成は完了です。ここから、支払い設定に移ります。

❽左側のメニューから「請求と支払い」を選ぶ。

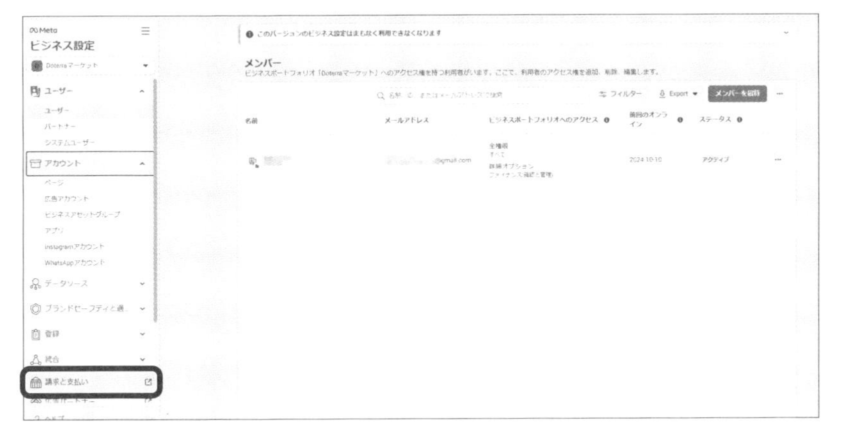

❾右端にある「支払い方法を追加」をクリック。

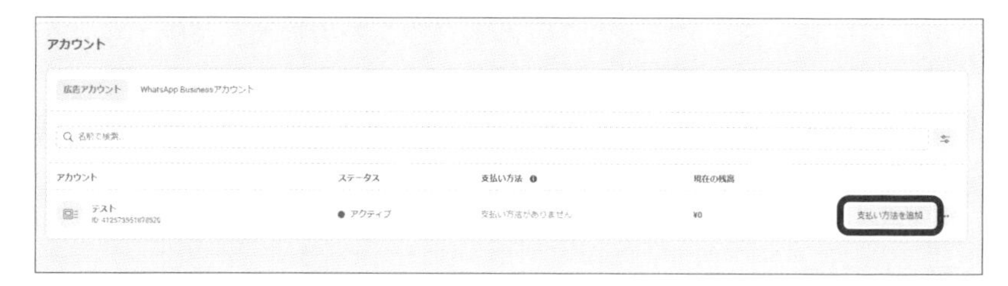

❿国/地域を日本に、通貨を日本円に、時間帯はアジア、東京であることを必ず確認し、「次へ」ボタンを押す。

※後から変更できないので要注意です。

⓫各項目を確認し、支払方法を選択して「次へ」ボタンをクリック。

⓬カード情報を入力したら、「保存」ボタンを押して支払い設定の完了です。

ピクセルコードの設定方法

Meta広告で作成したピクセルコードをウェブサイトに埋め込むことで、ユーザーがどのページを訪れたか、どの広告からサイトに来たのか、購入や登録などのコンバージョンが発生したかなどを追跡できるようになります。広告の成果を計測するために必要な作業の１つになります。

以下がピクセルコードの設定方法となります。

❶「Meta ビジネスマネージャ（https://ja-jp.facebook.com/business/tools/business-managerか「Meta Business Suite」（https://ja-jp.facebook.com/business/tools/meta-business-suite）のどちらかのサイトにアクセスして、「利用を始める」または「利用を開始」をクリックする。

❷Meta Business Suiteのページに遷移するので、左側のメニューから「設定」を選ぶ。

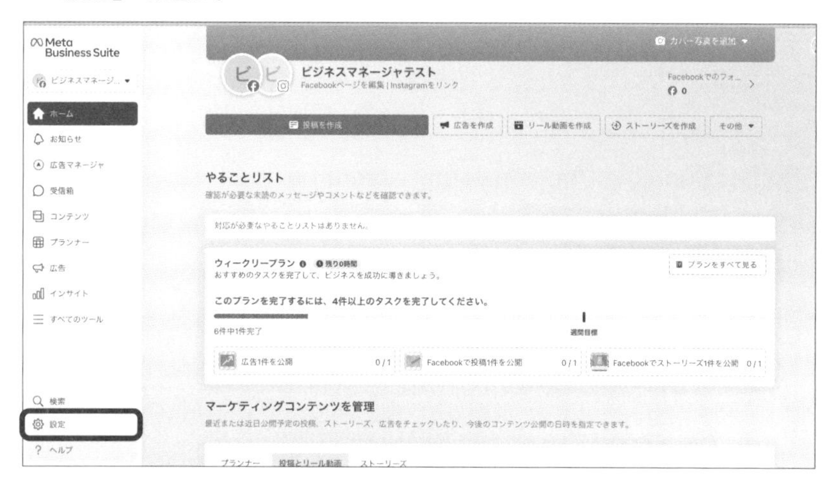

❸設定の項目にある「データソース」から「データセット」をクリック。

❹データセットの画面に切り替わったら、「＋追加」ボタンを押す。

❺「名前」の欄に自分でわかりやすい名前を入力して、「作成」をクリックする。

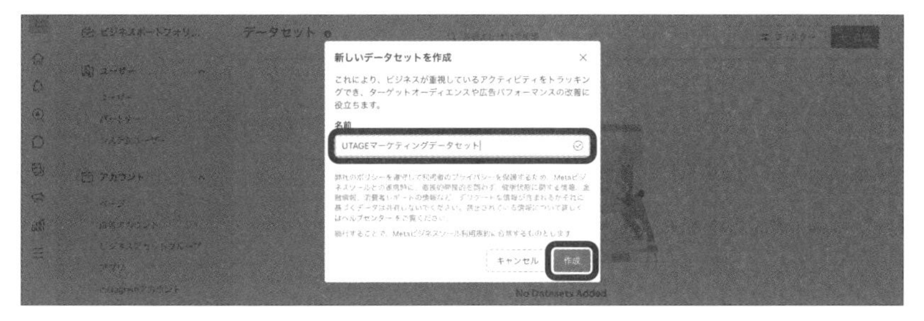

❻「イベントマネージャ」の画面が立ち上がり、以下のポップアップ画面が表示されたら、「閉じる」を押す。

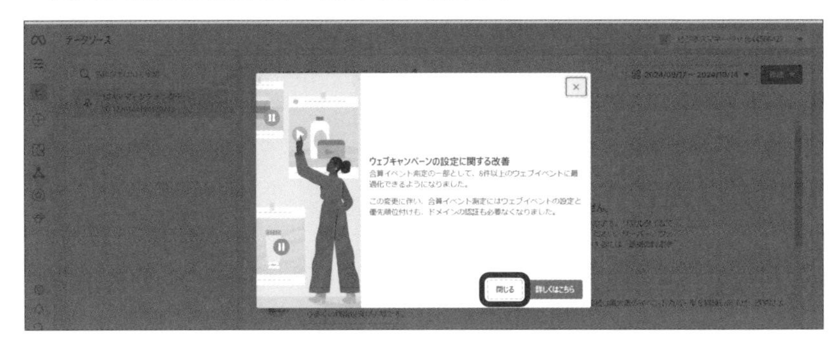

❼データソースの画面が表示されるので、「ブラウザーのアクティビティからウェブサイトイベントを収集」のカテゴリーで「Metaピクセル設定」をクリック。

❽「コードを手動でインストール」を押す。

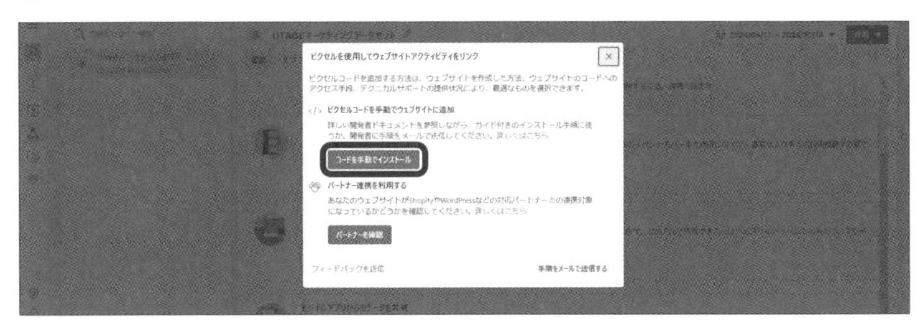

❾「①ベースコードをコピー」の箇所で「コードをコピー」をクリックする。

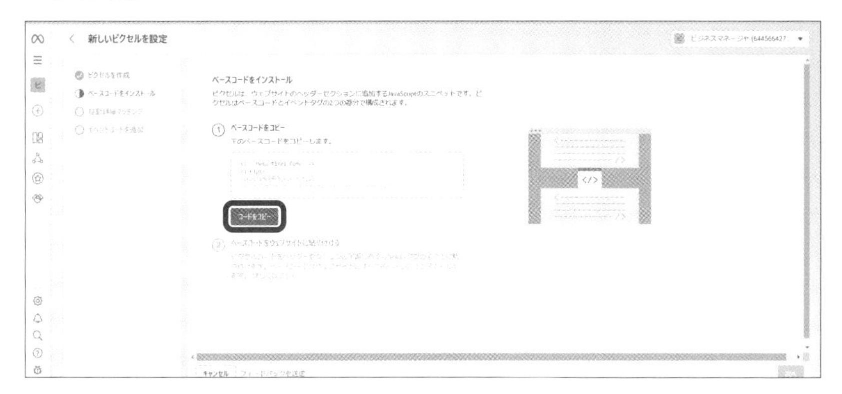

❿その状態のまま今度はUTAGEにログインして、上メニューの【ファネル】から自分の利用したい企画をクリック。

⓫左サイドパネルにある「ファネル共通設定」を押す。

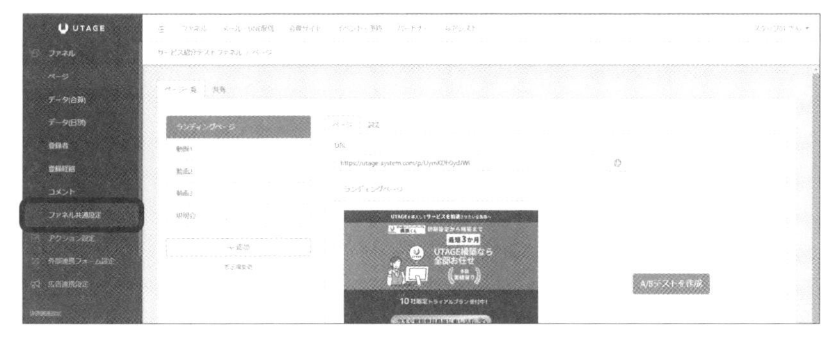

⑫「headタグの最後に挿入するJavaScript」の欄に、先ほどコピーしたコードを貼り付けて、「保存」をクリック。

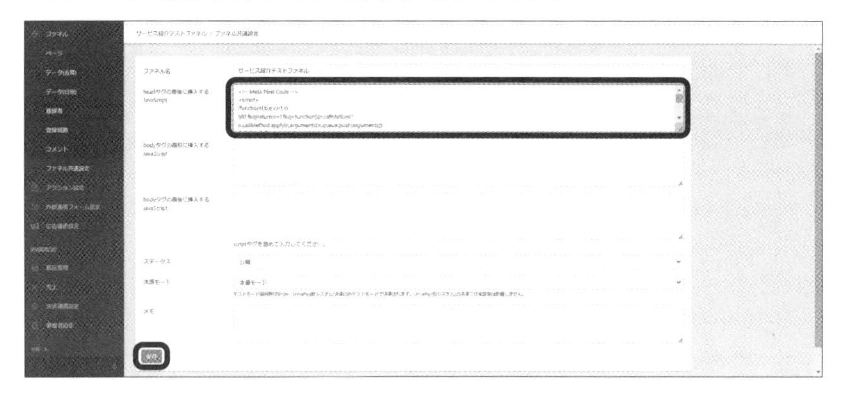

⑬再度「イベントマネージャ」の画面に戻り、画面右下の「次へ」を押す。

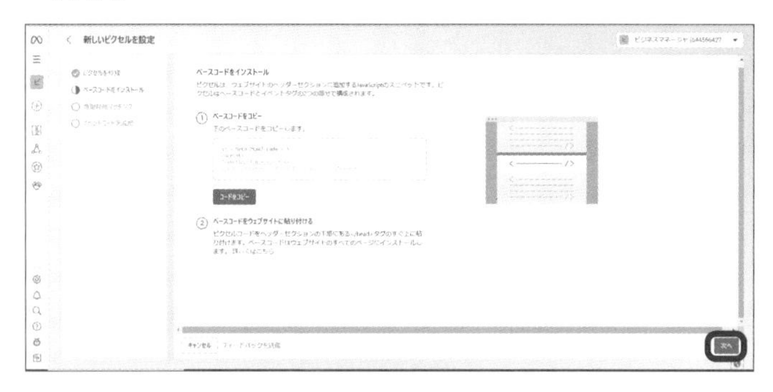

⑭そのまま、もう一度画面右下の「次へ」をクリック。

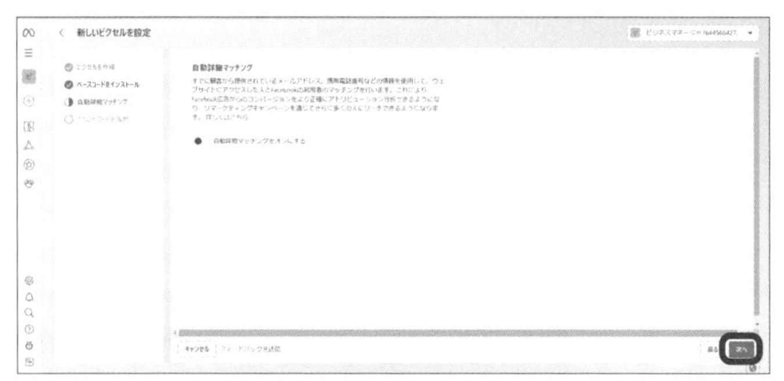

⑮画面右下の「ピクセルの概要に移動」をクリック。

⑯データソースの画面に切り替わったら、ここにユーザーや広告を追加するため、画面左上のメニューボタン（三本線）から「すべてのツール」を選択する。

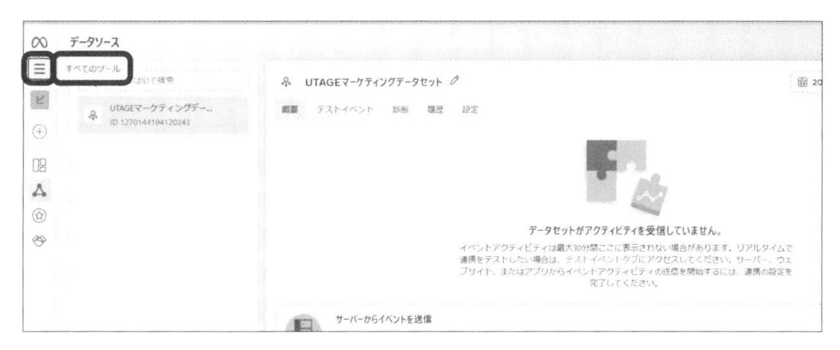

⑰「ビジネス設定」をクリック。

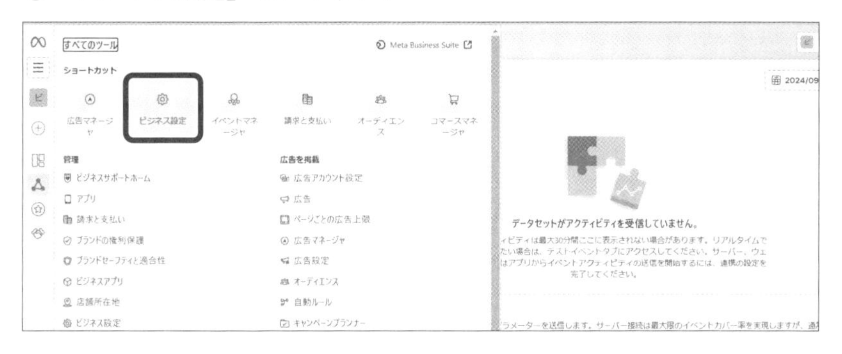

⓲左サイドパネルの「データソース」から「データセット」を選ぶ。

⓳先ほど作ったデータセットを確認し、「メンバーを割り当てる」をクリックする。

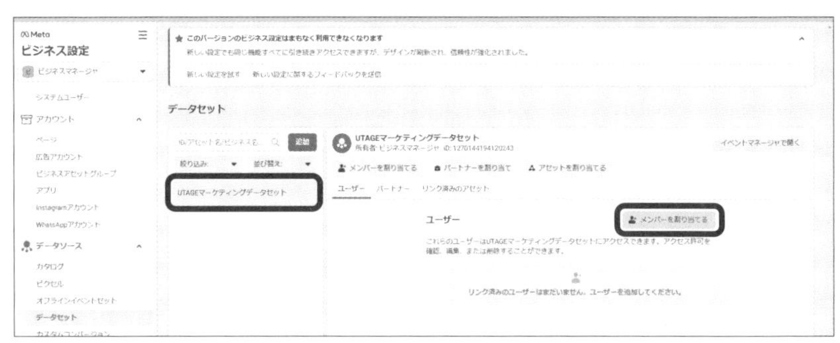

⓴該当ユーザー（自分自身）にチェックを入れて、「全権限」をONにし、「アクセス許可を設定」を押す。

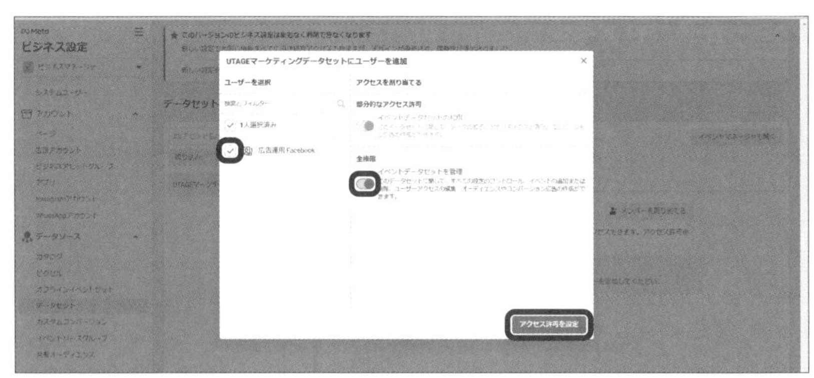

㉑「完了」ボタンをクリック。

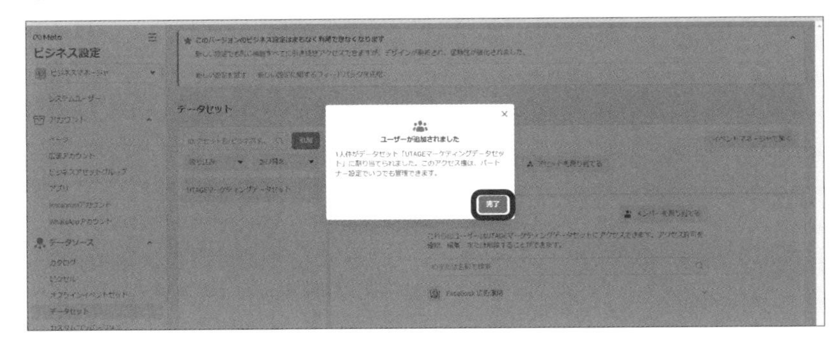

㉒ユーザーのところに該当の名称（自分自身）が追加されていることを確認したら、「リンク済みのアセット」をクリックする。

㉓「アセットを割り当てる」をクリック。

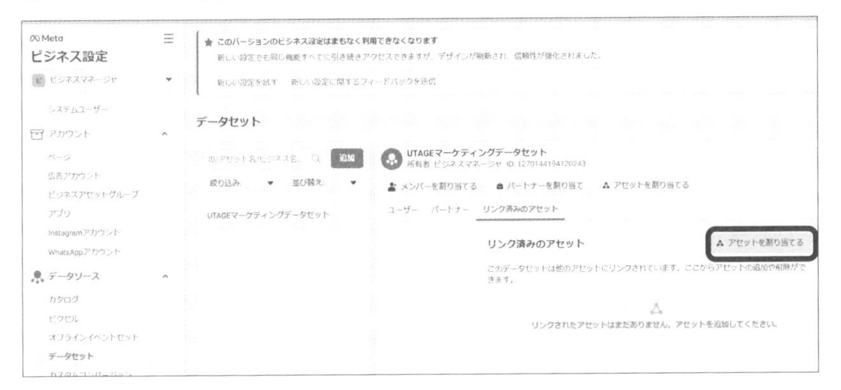

㉔広告アカウントを選択肢、全権限にチェックを入れて、「追加」ボタンを押す。

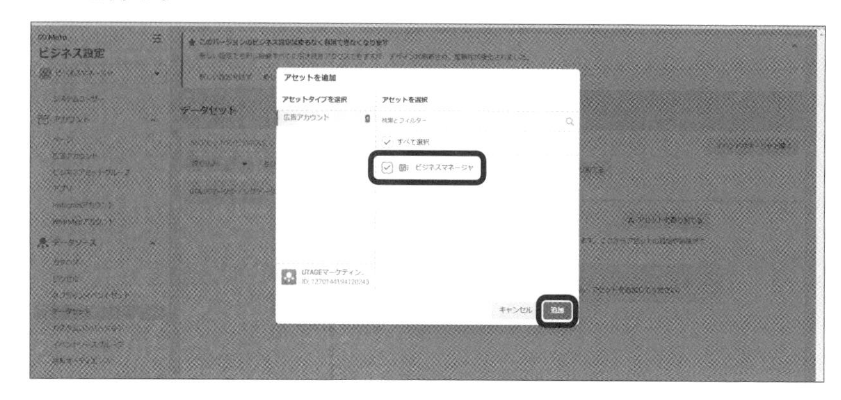

㉕「完了」ボタンをクリックする。

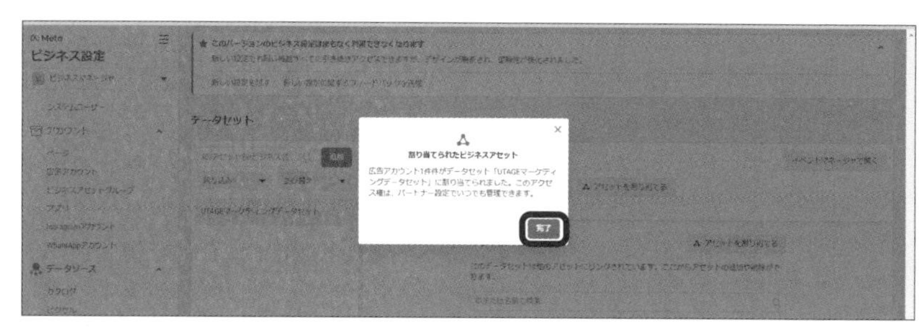

㉖「リンク済みのアセット」のタグの箇所で、「広告アカウント」の下に先程作った広告アカウント名が追加されていれば設定完了です。

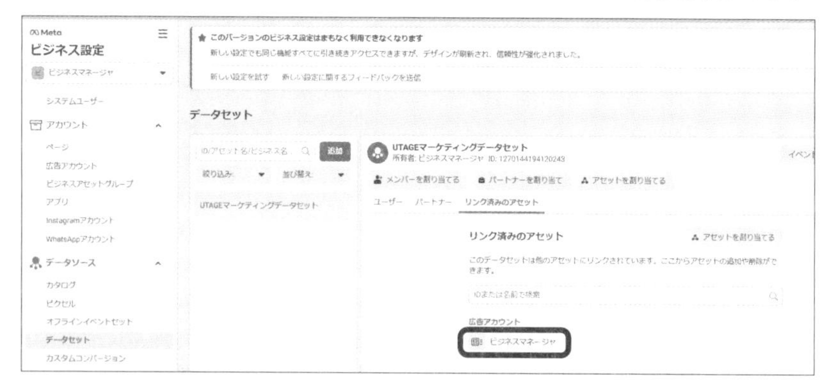

カスタムコンバージョンの設定方法

Meta広告のカスタムコンバージョンとは、どのページまでたどり着いたら、コンバージョン（＝広告の結果）を１として計上するかを決める設定です。

これにより、広告の効果を詳細に把握し、ビジネスの目標達成に必要な特定の成果を正確に測定できます。

以下の流れで、カスタムコンバージョンを設定していきましょう。

❶Meta Business Suiteを開いて、左サイドパネルの「すべてのツール」を選ぶ。

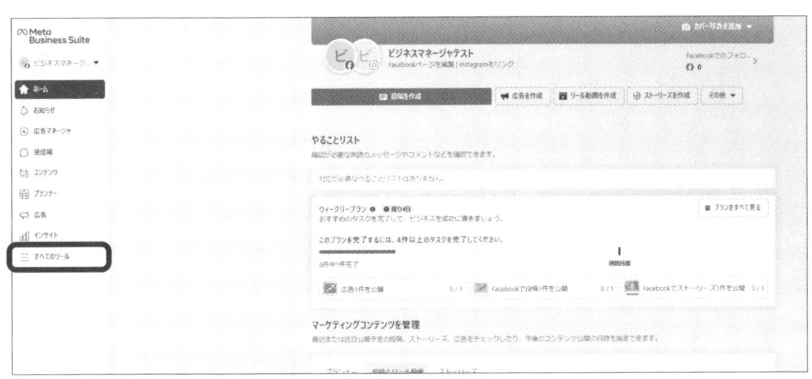

❷左メニューから「イベントマネージャ」をクリック。

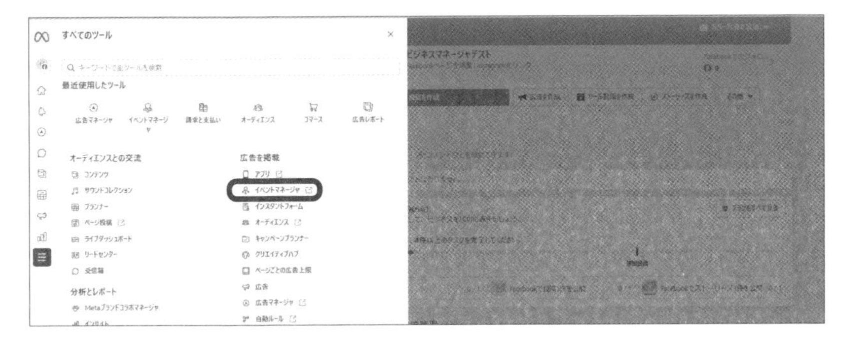

❸イベントマネージャの概要のページに遷移するので、左のナビゲーションの「カスタムコンバージョン」をクリックする。

❹右上のプルダウンメニューから「広告アカウントID」の方を選んで、クリック。

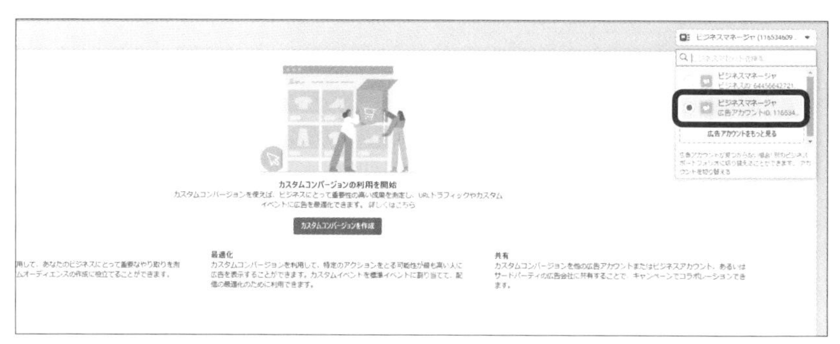

❺画面が更新されたら、再度、右上のプルダウンメニューで丸印のチェックマークが「広告アカウントID」の方になっているかを確認し、「カスタムコンバージョンを作成」を押す。

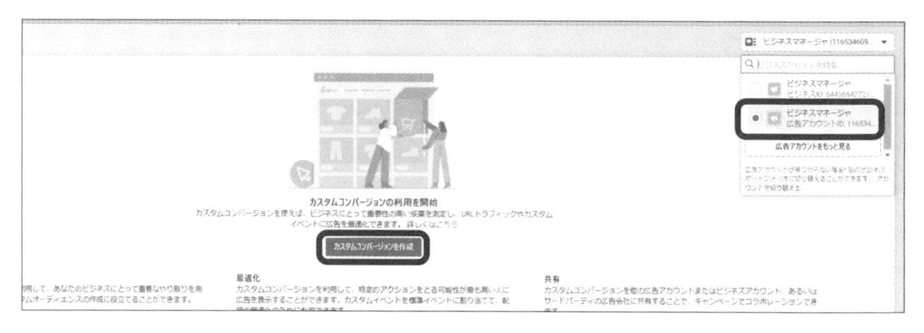

❻「名前」は『あなたが成果基準として数えたいお客様の行動』に関わる名前をつけておくと、後から見たときに分かりやすくなるので良いでしょう。

例えば、次の流れを想定したとします。「お客様がメールを登録」→「サンクスページを表示させる」→「サンクスページに到達」。この場合、「サンクスページに到達」したことを広告上で成果1として数えたい場合、「名前」の欄には「サンクスページ到達」と入力しておくということです。

「データソース」の欄は先ほど作ったデータセットが選択されていることを確認し、「アクションソース」の欄は「ウェブサイト」、「イベント」欄は「すべてのURLトラフィック」になっていればOKです。

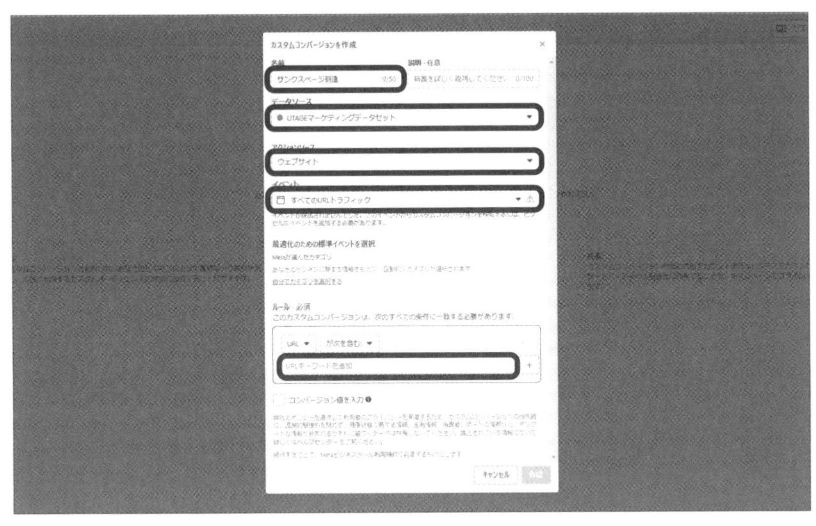

❼ルールの項目にある「URLキーワードを追加」の欄には、UTAGEで到達したいページ）のリンクを貼ります。一旦UTAGEにログインして、上メニューの【ファネル】をクリックし、到達させたいページ（今回は「サービス紹介テストファネル」を例にします）を選びます。

❽成果数として数えたいページを選び（今回は「サンクスページ」を例にします）、ページのURLの右にある「コピー」のアイコンをクリック。

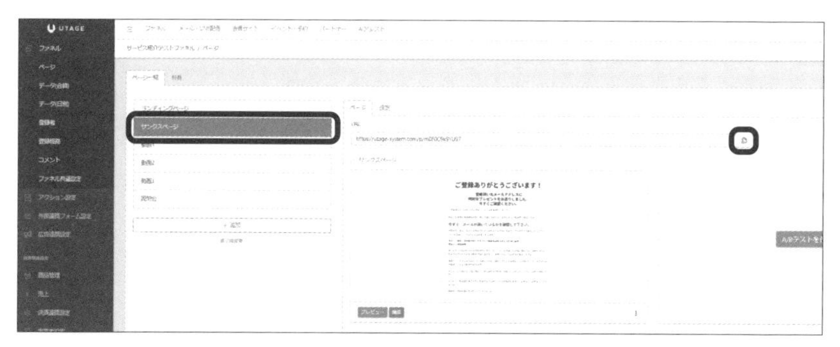

❾Meta広告の画面に戻り、先ほどの「URLキーワードを追加」のところに貼り付けて、「作成」ボタンをクリックすれば完了です。

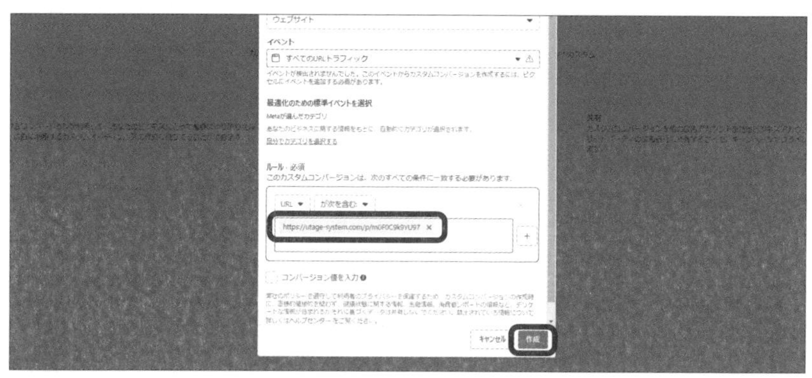

SECTION 5-03 UTAGE

広告画像を作ってみよう

画像センスが無くても大丈夫！　広告画像のキモはデザイン力ではなく“言葉の力”。「まだまだ客」がファネルに興味を持ってくれればOKです。

自分でキャッチコピーを作らない

言葉の力とはいっても、ライティング能力が無いとできない、という話ではありません。むしろ自分で作ったキャッチコピーはどうしても売る側の視点が入って、かえって共感を得にくいものです。

そこで、自分で作る発想を180度ひっくり返し、「自分で作らない」、むしろ「見つけてくる」という発想で作りましょう。

今までのお客様からヒントを探す

今までのクライアントや個別相談をした人、相談に乗った人、DMやコメントをくれた人を思い出し、その方たちがどんなセリフを言っていたか書き出してみましょう。例えば、あなたがセールスの講座をやっていたとして、見込み客が「セールス」のことを「商品説明」と呼んでいたら、あなたは「商品説明をしても全然買ってもらえない方へ」というコピーを使ったほうが良いでしょう。

ライバルの広告からヒントを得る

Metaには広告ライブラリ（https://www.facebook.com/ads/library）というページがあります。ライバルの広告が見られるページです。キーワード検索できるので、例えば「ダイエット」とか「痩身」「痩せる」などと調べるとそのキーワードに関連した広告がヒットします。

● (1) 広告がうまそうなライバルの広告主名を確認しよう

検索した広告のうち「これは！」と思うライバルを見つけ、その広告主名を確認してください。

● (2) 広告主名で検索し過去の広告を確認しよう

今度はその広告主名で検索をすると、その広告主が過去に配信していた広告の一覧が出てきます。

● (3) ライバルの広告の傾向を確認しよう

１～２ヶ月前から同じ広告をずっと使っているのであれば、それは反応が良いからそのまま使っているのだなという推測がたちます。

その広告で使っている言葉を参考にさせてもらって自分の広告に活かしましょう。

YouTubeからヒントを得る

YouTubeも言葉の宝の山です。思わぬ掘り出し物が見つかります。

● (1) 見込み客の悩んでいる単語を検索しよう

例えば、ダイエット商品だったら「痩せる方法」などと検索してください。

● (2) フィルタ機能で視聴回数順に並び替えよう

フィルタ機能を使って、視聴回数順に並び替えて上から順番に見ていきます。

(3) 有名人ではない人のタイトルとサムネイルを真似しよう

このとき、有名人や著名人の動画は影響力のお陰で視聴回数が伸びていることが多いのでなるべく私達ひとり起業家や一般の方がアップロードしている動画に限ってみていきます。そして、タイトルとサムネイル画像に使われている言葉を拾っていきましょう。YouTubeでは、有名な方でない場合は、タイトルとサムネイル画像で視聴回数がほぼ決まります。それを逆手に取ると反応の良い広告画像と同じということです。

それを参考にさせてもらいましょう。

(4) 視聴回数が多い動画のコメント欄も活用しよう

もしコメントが見られる場合、ここにも言葉のお宝が眠っています。ボソッと感想を書いてくれたその一言を、そのまま広告コピーとして使わせていただきましょう。見込み客からすると、「なんで私の気持ちがわかったんですか？」とクリック率が上がるはずです。

X（旧ツイッター）からヒントを得る

Xでのつぶやきはまさに見込み客の心のつぶやきです。それをそのまま使わせていただきましょう。

(1) 検索窓から「悩みの単語　なりたい」で検索しよう

Xの検索ウィンドウから例えば、「ダイエット　なりたい」という風に「悩みの言葉＋スペース＋なりたい」で検索をしてみましょう。

(2) 最新タブから一般の人の投稿を見つけよう

話題のツイートではなく、「最新」タブから上から順番に見ていきます。このとき企業やPR案件などのつぶやきは無視して、一般の方が心からつぶやいている投稿を見つけましょう。例えば、ダイエットの場合は、「平均体重になりたい」というつぶやきをしている人がいました。

私達、商品の提供者側ではこのような心のつぶやきは思いつかないことが多いので、その文言をそのまま広告に使わせていただくと反応の良い広告ができあがります。

LPのキャッチコピーをそのまま使う

UTAGEで作ったLPのキャッチコピー部分をそのまま使うやり方です。LPとの親和性を高めることで、LP登録率のアップが図れます。UTAGEの共通URL機能があれば複数のLPを作ることは手間ではないはずなので、複数のLPを作り、それぞれのLP毎に広告画像を作り、クリック先をそれぞれのLPに到着するようにしておきましょう。

広告ポリシーを守る

良い言葉が見つかったとしても広告ポリシー違反をしてはいけません。Metaの広告ポリシーをよく読んでおきましょう。代表的な例としては、「あなた」という表現や「62歳になったばかりの方に」など特定の年齢を使用するのは禁止になっています。

画像はキャンバで作る

広告作成で重要なのは、デザイン力ではなく、反応の良い言葉をいかに探し、改善していくか？　です。そのため最低限のデザインがサクッと出来上がるキャンバで作るのが最も効率的でしょう。

キャンバは無料プランでも十分、一定のデザイン性のあるテンプレートが使えます。テンプレート選びにはあまり時間をかけずに雛形を決め、見つけた言葉をいれましょう。

●キャッチコピーの基本型は「ターゲットコール＋手法＋明るい未来、締めは〜とは？」

見つけた言葉は基本的にはターゲットコールとして使うとよいでしょう。ターゲットコールとは「◯◯な方へ」と呼びかける部分です。

そして、どのような手段（手法）で、どのような良いことがあるのか？（明るい未来）を言い表します。

最後はあなたの独自サービス名を◯◯とは？という形で締めくくります。ポイントは文字数を極力減らすことです。パッ見て全部の文字が理解できるようにできるだけ少な目にしましょう。

（例）

平均体重になりたい方へ（ターゲットコール）

3食を摂りながら（手法）

Mサイズに戻れる（明るい未来）

スリータイムズダイエット法とは？（〜とは？）

●背景なしで文字だけ、写真・画像だけもOK

ときには、背景を真っ白で黒文字だけなど、画像を一切排除した広告も有効です。目に留まるという観点から、他の広告がデザイン重視なら敢えてデザインを無くしたほうが目立つという考えです。文字を一切載せず、写真だけ・画像だけというのも有効な場合があります。

●動画も積極活用しよう

動画のほうが静止画よりも反応が良い場合があります。静止画だけではなく、1.5〜3分以内くらいの短めの動画をキャンバで作り、動画広告の反応もぜひテストしてみてください。

また手抜き動画として、静止画の広告の背景だけを動画素材に変更し、背景だけが動いている手抜き動画も有効です。こちらもテストをして反応が良ければ静止画広告と差し替えましょう。

広告文章を作る

Meta広告の設定では画像や動画の他にテキストを設定する項目があります。設定箇所は３つです。

●（1）メインテキスト

メインテキストとはユーザーが広告をスクロールした際に、最初に目に留まる重要な部分です。Facebook、インスタ両方に表示されます。

オーソドックスな型としては、このように構成すると良いでしょう。

1. こんなお悩みありませんか？
2. それが起こる理由や背景の説明
3. その理由の原因や裏付け
4. 多くの人が○○の解決策で明るい未来になっています
5. 信頼性のアピールとCTA

（例文）

- 講座やプログラムを販売していて「検討します」と言われてしまう悩みはありませんか？（1. こんなお悩みありませんか？）
- 60分の1本ウェビナーを使ってないことが原因かもしれません。（2. それが起こる理由や背景の説明）
- 断られる、ということは、見込み客が十分に教育をされないままあなたの個別相談に来ている可能性が高いです。（3. その理由の原因や裏付け）
- 実際、この１本ウェビナーを使ったクライアントの多くが登録してわずか１時間後に個別相談の予約をもらい、成約までこぎつけています。（4. 多くの人が○○の解決策で明るい未来になっています）
- 最短60分で個別相談の予約が取れて、買いたいですと言ってくれる見込み客が集まりやすい「ワンウェビナーファネル」の詳細を知りたい方は、詳しくはこちらをクリックしてください。（5. 信頼性のアピールとCTA）

（2）見出し

見出しはインスタではほとんど表示されませんが、Facebookでは太字で大きく表示されます。

「〇〇法」「〇〇メソッド」「最新〇〇モデル」など短い言葉で、商品の魅力を分かりやすく伝え、クリック意欲を高めましょう。メインテキストと連動させて、一貫性のあるメッセージを伝えます。25文字以内が良いでしょう。

（3）説明

説明欄はユーザーが広告の内容を深く洞察し、行動を変えるための追加情報として活用されます。メインテキストや見出しで伝えきれなかった情報を補足します。

SECTION

広告を出稿しよう

実際に広告に出稿してみましょう。習うより慣れろです。まずは少ない予算で良いので実際に見込み客から反応をもらうという経験をしてみましょう。

キャンペーン、広告セット、広告の違い

Meta広告では、「キャンペーン」、「広告セット」、「広告」という順に3階層の入れ子になっています。

広告は1つの画像や動画などの広告コンテンツ、広告セットは複数の広告コンテンツ、キャンペーンは複数の広告セットを含む全体の企画です。

●キャンペーンは企画と広告の目的を決めるもの

キャンペーンは、広告セットをまとめたものです。キャンペーンの役割は広告の目的（例：認知度向上、リード獲得、コンバージョン増加など）を決めることです。この目的に基づいて、Meta広告のアルゴリズムが最適な方法で広告を表示します。販売する商品サービスが１つならキャンペーンは１つで大丈夫です。

●広告セットはターゲットや予算を決めるもの

広告セットは、複数の広告コンテンツをまとめたものです。

広告セット毎にターゲティングや予算、スケジュールの設定ができます。

- **ターゲティング**：広告を表示する対象（年齢、性別、地域、興味関心など）を設定できます。

- **配置**：広告が表示される場所（例：Facebookフィード、Instagramストーリーズ、Messengerなど）が選べます。
- **予算とスケジュール**：予算の上限や、広告がどの期間に表示されるかを設定できます。

例：Aの広告セットでは、20～30代の女性を対象にし、Instagramフィードとストーリーに広告を表示する。

1つの画像、1つの動画などの最小単位が広告

広告は単一の広告コンテンツを指します。例えば、1枚の画像や1本の動画などのことです。「クリエイティブ」と呼ばれることが多いです。

広告の役割は、実際に見込み客に表示されるクリエイティブな要素を設定できます。例えば、広告の画像、動画、テキスト、リンク先などを設定でき、どのように広告が表示されるかの確認もできます。

キャンペーンを作る

まずはキャンペーンから作っていきましょう。

❶広告マネージャ（https://ja-jp.facebook.com/business/tools/ads-manager）にログインしてから、「キャンペーン」のタブにある「＋作成」ボタンを押す。

❷「アカウント情報が必要です」というアラートが出た場合、「アカウント概要に移動」をクリック。

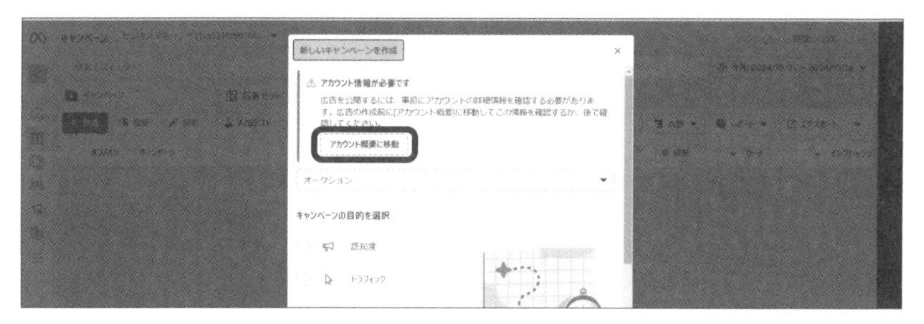

❸「Facebookページを作成」の項目にある、「確認」を押す。

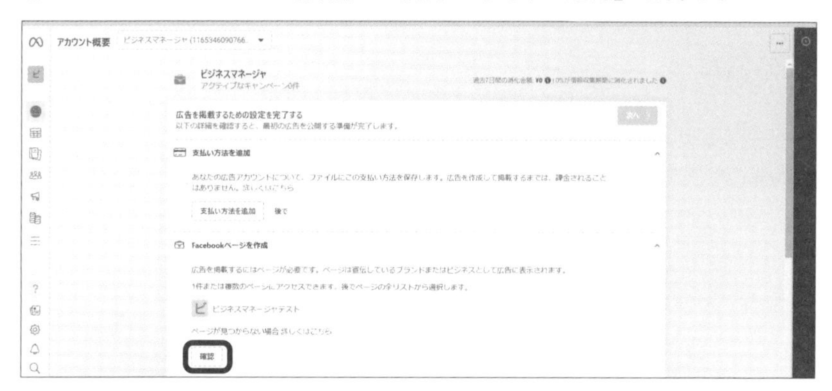

❹「広告を掲載するための設定を完了する」のところで、「支払い方法を追加」「Facebookページを確認」「メールアドレスを認証」の3箇所にチェックマークが付いているのを確認できたら、「次へ >」ボタンをクリックする。

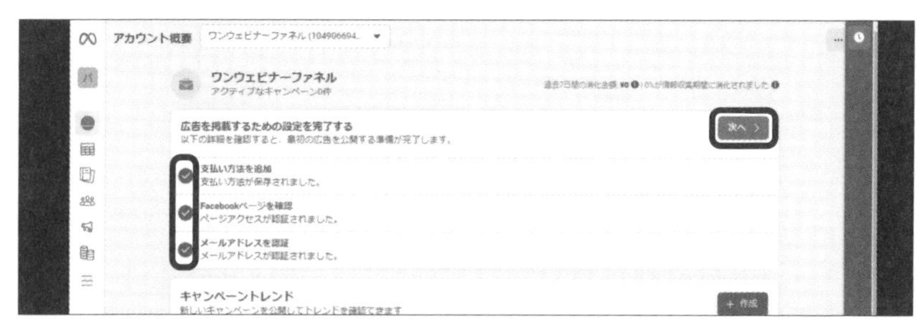

❺「購入タイプ」は無形タイプのファネル、特にUTAGEを使って教育をしていくような場合は、そのまま「オークション」を選択する。「キャンペーンの目的を選択」は、メールアドレスやLINEを集めたい場合は「リード」を選び、「次へ」をクリック

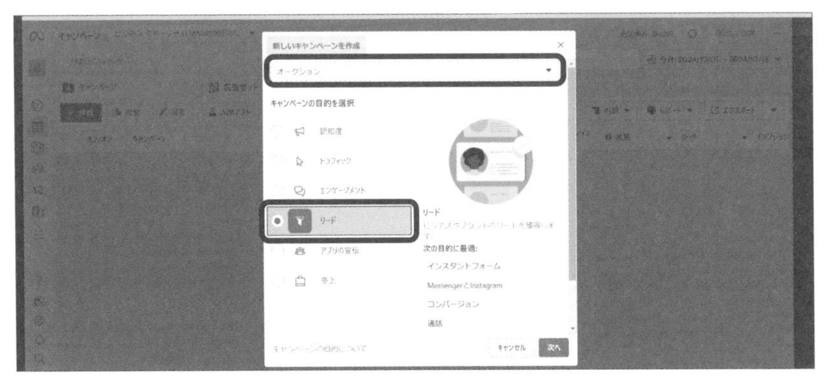

❻現時点では、精度がより高い「手動作成のリードキャンペーン」の方を選択し、「次へ」を押す。

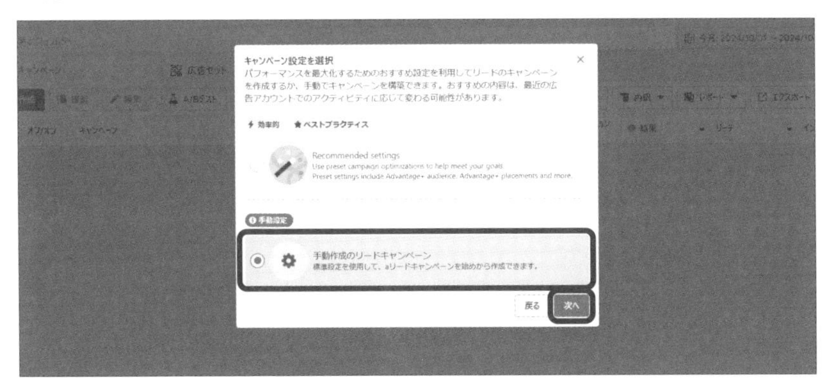

❼「キャンペーン名」の欄に、「〇〇講座」「〇〇企画」など自分の企画名を入力する。「特別な広告カテゴリ」の箇所は、通常のサービスであればそのまま何もせずに進み、あとは画面右下にある「次へ」ボタンをクリックして完了です。

広告セットを作る

つづけて、広告セットを作成していきます。広告セットは複数の広告を束ねるところです。作り方を確認していきましょう。

広告マネージャの「広告セット」の各欄に以下のように入力・選択していきます。

【広告セット名】

- 主にどういう広告を束ねるのかがわかるような名前をつけると良いでしょう。例えば、「文字訴求・静止画」「〇〇の悩み訴求・静止画」など。

【コンバージョン】

- 「コンバージョンの場所」は「ウェブサイト」にチェックを入れます。
- 「パフォーマンスの目標」は自分の目標に沿ったものを選択します。
- 「ピクセル」は【ピクセルコードの設定方法】で作ったデータセット名が表示されていることを確認します。
- 「コンバージョンイベント」は自分が作成したカスタムコンバージョン名を選びます。
- そのほかの欄は、初期設定のままで大丈夫です。

【予算と掲載期間】

- 「予算」は「1日の予算」を選択し、はじめのうちは￥1,000～￥2,000にして、徐々に反応を見ながら上げていくのが良いでしょう。
- 「スケジュール」の各項目は、自分の予定に合わせて設定していけばOKです。

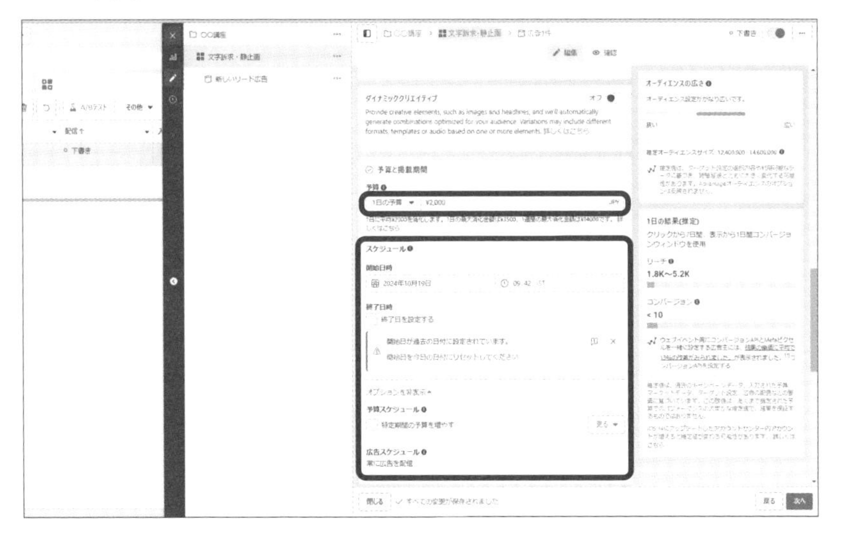

【オーディエンス管理】

まず「その他のオプション」をクリックし、展開します。

- 「最低年齢」は自分のお客様の対象となる方の年齢を選択します。
- 「言語」は虫メガネマークがある欄に「日本語」と入力すると、「日本語」「日本語（関西）」の2つが表示されるので、一つずつ順番に選択して、両方を登録します。

【Advantage+ オーディエンス】

- 「元のオーディエンスオプションに切り替える」をクリックし、現時点では結果が出やすい「元のオーディエンスを使用」を選びます。

新しく設定項目が追加されるので、順に入力していきます。

- 「地域」対象となるお客様の地域を選択します。
- 「年齢」対象となるお客様の年齢を設定します。
- 「性別」対象となるお客様の年齢を設定します。
- 「Advantage詳細ターゲット設定」では、Meta側で抽出したジャンルを選択することで、対象とするお客様をより絞ることが可能です。

ただし、絞りすぎてしまうと、対象となるお客様のパイが減ってしまうので、1〜3つ程度選択することをおすすめします。ちなみに、まったくターゲットを選択しない（ノンターゲット、ノンタゲ）でも、精度高く広告を配信することが可能ですので、そこまで気にしすぎなくてもよいでしょう。

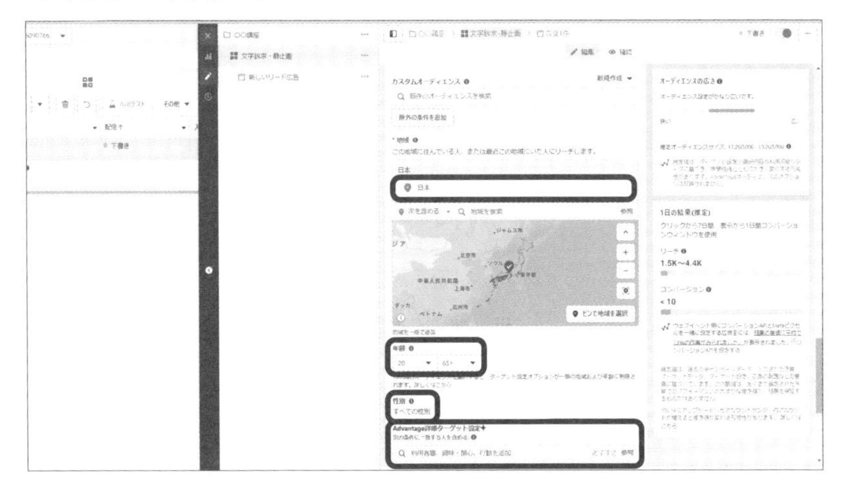

【配置】

- 基本的にはデフォルトの「Advantage+ 配置」のままでOKです。

ただし、“自分のお客様がFacebookにはいない”、“Instagramにだけ配信したい”といった場合には、「Advantage+ 配置」の右側にある「編集」をクリックし、「手動配置」を選択することでどこのプラットフォームに広告配信するのかをカスタマイズできます。

- 「Audience Network」とは、Metaが契約している様々なサイト、ホームページ、アプリの広告枠のことです。
- 「Messenger」はMetaが提供するインスタントメッセージングアプリを指します。

最後に右下の「次へ」ボタンをクリックすれば、広告セットの設定は完了です。

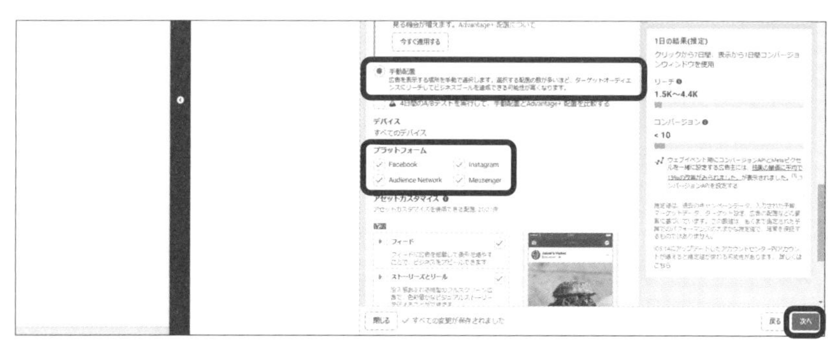

広告の設定をする

最後に広告（クリエイティブともいいます）の設定をしていきましょう。広告マネージャの「広告」の各欄に以下のように入力・選択していきます。

【広告名】

- 広告の内容がすぐにわかるような名前をつけます。

【広告に表示する名前】

- 「Facebookページ」と「Instagramアカウント」の欄に記載があるか確認します。

Facebookに自分の広告が表示されたときに、「広告主」をクリックされた場合はここに記載された名前が、InstagramであればInstagramのアカウントが表示されることになります。

【広告設定】

- 「クリエイティブソース」は初期設定の「手動アップロード」のままでOK。
- 「フォーマット」も初期設定の「シングル画像または動画」のままでOK。

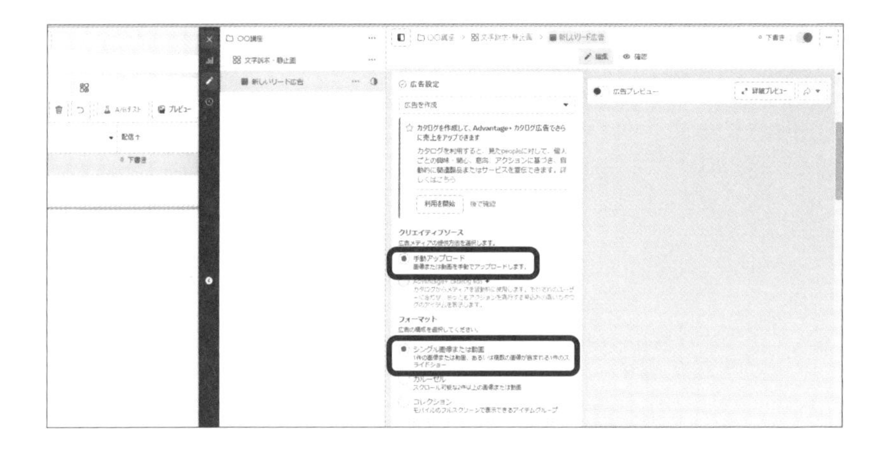

【広告ソース】

- 「ソースURL」は空欄にしておきます。あとでリンクを設定します。

【クリエイティブ】

- 「メディア」の項目で「メディアを追加」を押し、「画像を追加」か「動画を追加」のどちらかを選択する（今回は画像の方で解説します）。

利用したい画像を選び、「次へ」をクリック。

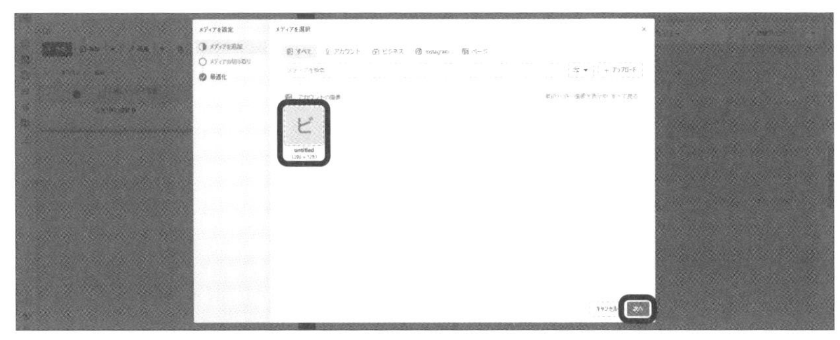

画像が見切れていないか適切なサイズの方を選択して、「次へ」を押す。

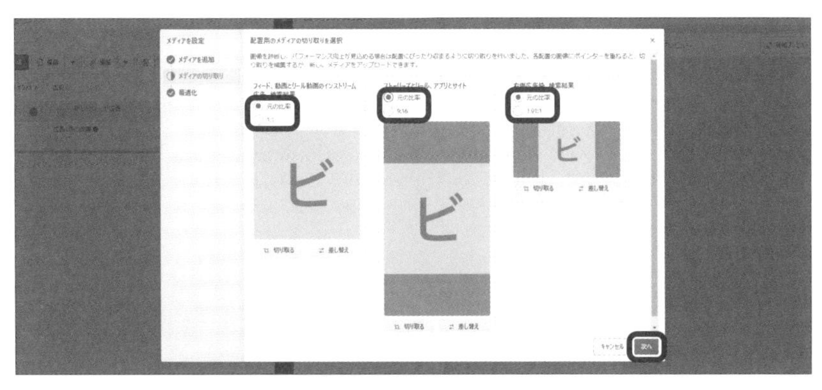

そのまま「完了」をクリックする。

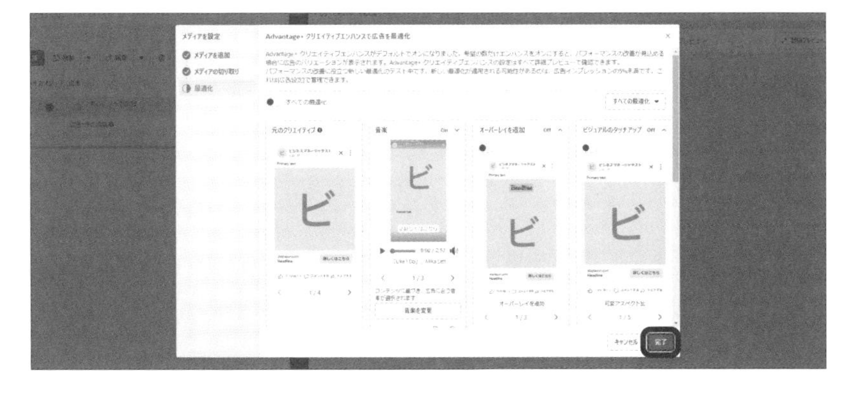

「広告プレビュー」が画面に表示されるようになります。

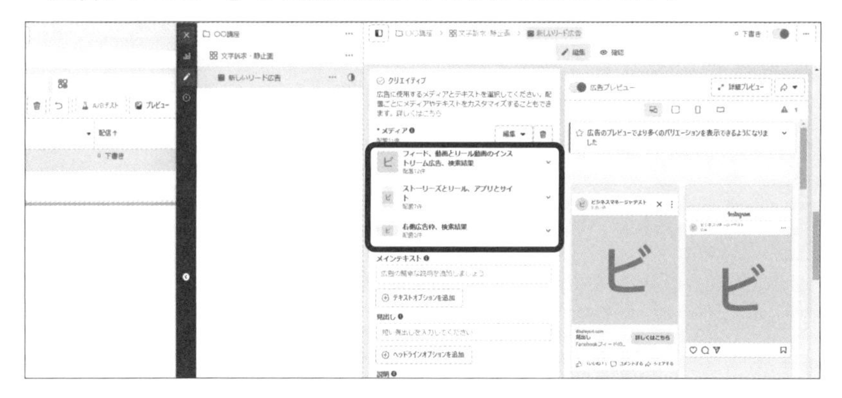

●「メインテキスト」「見出し」「説明」の欄には、自身で作成したものをそれぞれ貼り付けていきます。

【リンク先】

「ウェブサイトのURL」は広告をクリックしたときに、どこに飛ぶかを設定するところです。UTAGEの共通URLを入れておくのが良いでしょう。

UTAGEの共通URLはUTAGEにログイン後、ファネルの中のページに複数のLPがあった場合、個別のURLを入れるのではなく、一番上に書いてある共通のリンクを設定します。そうすることで、LPが2つあった場合は50%ずつの確率でLPが自動的に振り分けられるようになります。

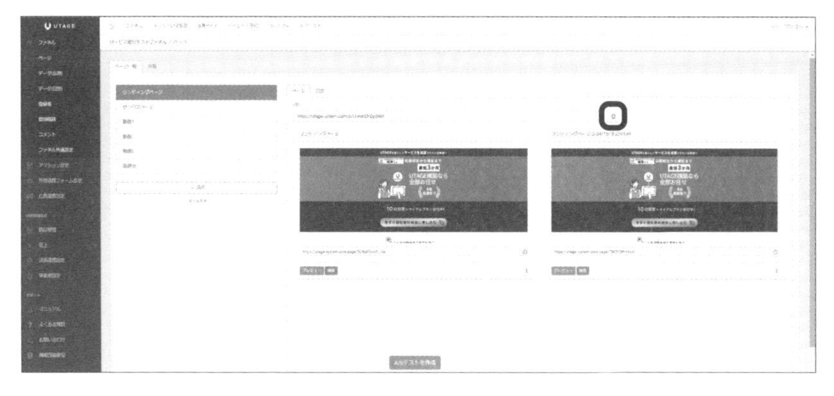

さらに、より高度な設定方法として、広告ごとに登録されたかどうかをUTAGEの方で確認するやり方があります。

❶UTAGEの左サイドパネルから「登録経路」を選択します。

❷画面が遷移したら、「追加」ボタンをクリック。

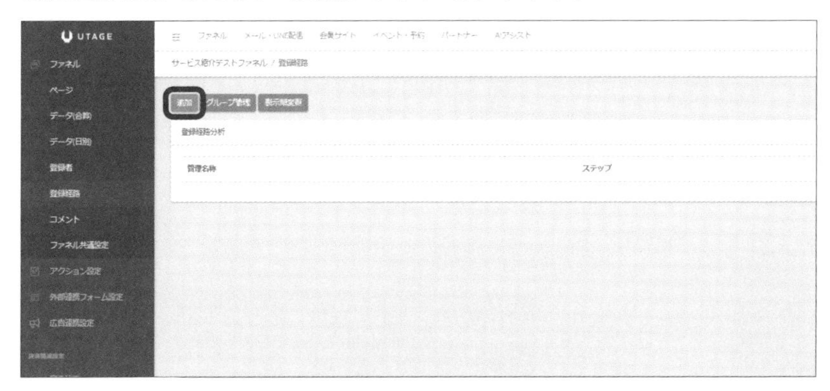

❸「管理名称」は「Metaの広告名」と同じ名前にすると、わかりやすくなるので良いでしょう。「ファネルステップ」は自分の見せたいLPが複数入っているページを選びます。

「ページ」は特にどのLPに到着してもいい場合は、「指定しない」ままで大丈夫です。そして、「保存」をクリック。

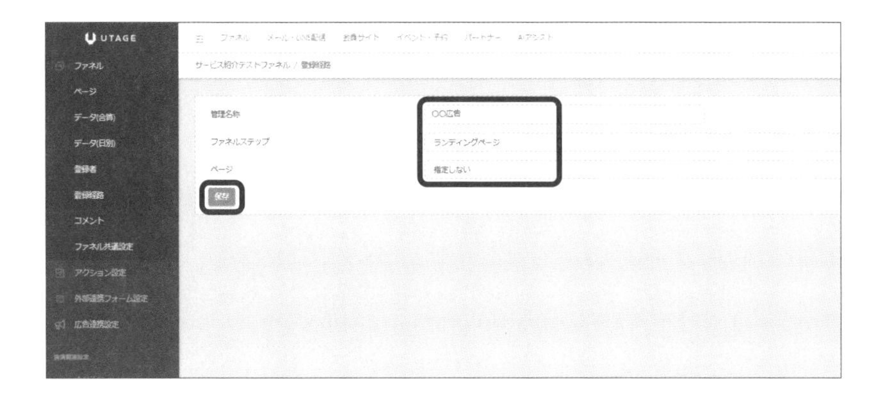

❹今作った登録経路が出来上がるので、右側にある「リンクのコピー」のアイコンを押す。

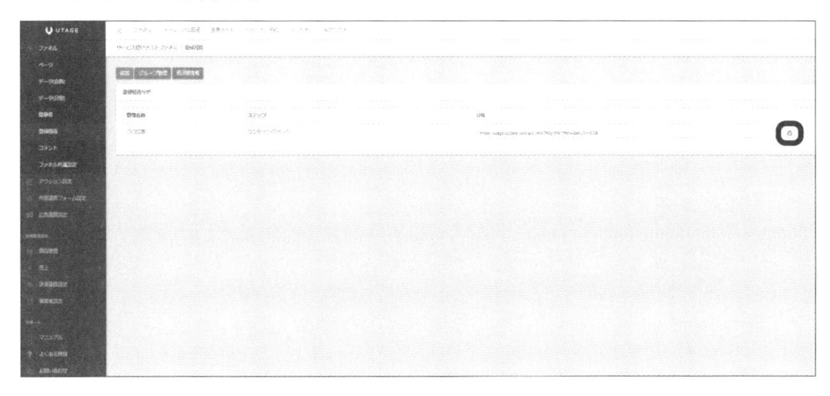

❺先ほどの「ウェブサイトのURL」の欄に、貼り付ける。

そうすることでどのようなメリットがあるのかというと、UTAGEの共通URLを押したときと同じように複数のLPがランダムに表示されるということです。

UTAGE側ではどのクリエイティブからお客さんが登録されたのかがわかるようになり、より詳細に分析したいという場合には この登録経路の機能を使うと便利でしょう。

●「ブラウザーのアドオン」は「なし」を選択する。

【トラッキング】

- データセットが緑色のマークになっていることを確認します。作り始めてすぐだと、赤色のマークになっている場合もあります。
  最後に「公開する」をクリックして完了です。

CHAPTER
6

パートナーの設定

6

SECTION

パートナーの重要性について

自分だけで集客することを手放し、紹介料を払ってでも他の人の力を借りることが成功のコツです。積極的に自社商品を紹介してくれる人を増やしていきましょう。

パートナー機能とは？

パートナー機能とは、自分の商品やサービスを人に紹介してもらい、成果に応じて報酬を支払うアフィリエイトや代理店の仕組みのことです。この機能を活用することで、自力の限界を突破し、他力を使うことで十分な集客力を持っていない場合でも、効果的にレバレッジ（少ない投資で大きな利益を得ること）をかけて集客を拡大することができます。

パートナー機能の役割とメリット

パートナー機能では、紹介案件の管理や紹介用リンクの発行、パートナー（代理店・アフィリエイター）の管理、パートナー登録フォームの作成、紹介報酬の集計といった活動ができます。

パートナー機能のメリットとしては、成果報酬型のため、先行投資のリスク抑えた集客ができるようになる、自社リソース以外での集客が可能になる、パートナーのネットワークを通じて自社だけではリーチできない新たな顧客を獲得できる、ランキング機能を活用することで、パートナーのやる気を引き出すことができるといったことが挙げられます。

パートナー機能で対応できるのは、次の3種類の紹介案件です。

- **メールアドレス登録：**

ランディングページからのメールアドレス登録に対して、パートナーに報酬が支払われます。

- **LINE登録（友達追加）：**

LINE登録用ページからの友達追加に対して、パートナーに報酬が支払われます。

- **商品販売：**

特定商品の販売に対して、固定額または売上の一定割合が報酬としてパートナーに支払われます。

パートナー機能を使う前の準備と設定

パートナー機能を使う場合は、事前に次の内容を準備・設定しておきましょう。

- 紹介用ページの準備

ランディングページやLINE登録ページなどを事前に作成しておきます。

- 案件の設定

パートナーメニューから新規案件を追加します。

- パートナーグループの作成

一般パートナーや特別パートナーなど、グループ別に管理します。

- パートナー登録フォームの設置

  パートナーの新規登録を受け付けるフォームを作成しておきます。

- パートナーへの案内

  登録されたパートナーに紹介用リンクを提供します。

- 成果の管理と報酬の計算

  月ごとの成果を確認し、報酬を計算します。

パートナーが専用の管理画面からアクセスできる情報

- 案件一覧と紹介用リンク
- 成約状況の確認
- 報酬の確認
- アクセス分析用のトラッキングコード
- 振込口座情報の登録

管理者が管理できる情報

- パートナー別の成約状況と報酬
- 月間ランキング
- 報酬の集計と支払い管理

パートナー機能は、集客力を飛躍的に高めるための強力なツールです。適切に活用することで、自社のリソースだけでは到達できない顧客層にアプローチし、効率的に事業を拡大することが可能になります。ただし、魅力的な案件の設定や適切なパートナー管理が成功の鍵となるため、十分な準備と戦略的なアプローチが必要です。

SECTION 6-02 UTAGE

パートナー機能を使ってみよう

パートナー機能を使うことで、あなたの案件を他者へ紹介してくれる代理店やアフィリエイターをグループごとに分類して、特別報酬を定めることができるようになります。

パートナーグループとは？

「パートナーグループ」とは、あなたの広めたい講座や案件を紹介する人、アフィリエイター、代理店などをまとめて管理できる機能のことです。

●グループごとに報酬を変えられる

例えば、あなたに、自分の講座の認定講師たち、Sランク知り合い、Aランク知り合いの３つの紹介者たちがいるとします。メール登録が１件登録されるたびに認定講師たちには2,000円、Sランク知り合いには1,500円、Aランク知り合いには1,000円払うなどグループによって異なる報酬を設定することができます。

パートナーグループを作る

では、パートナーグループの作り方を解説していきます。

❶UTAGEの上メニューにある【パートナー】をクリックする。

❷左メニューの「パートナーグループ」を選択。

❸「＋追加」ボタンを押します。

❹グループ名（例：グループ　テスト）を入力します。グループ内に配信したいシナリオがある場合は、「連携シナリオ」から選択してください。「保存」をクリックして完了です。

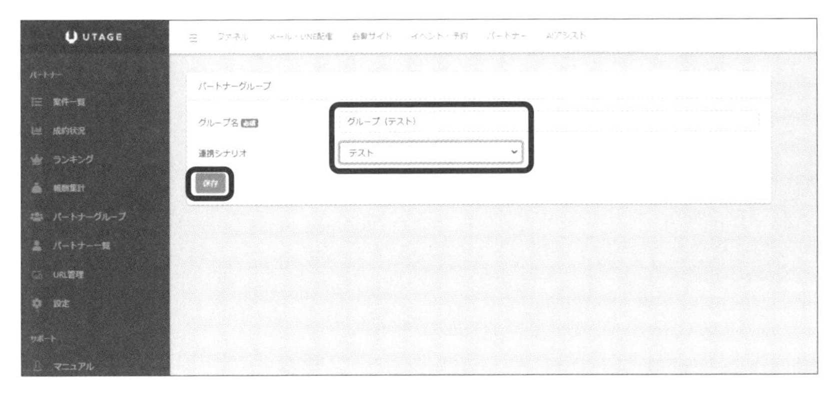

パートナーグループの登録URLを確認する

　パートナーグループを作成すると登録フォームのURLが生成されるので、登録URLを確認しておきましょう。

❶上メニューから【パートナー】をクリックする。

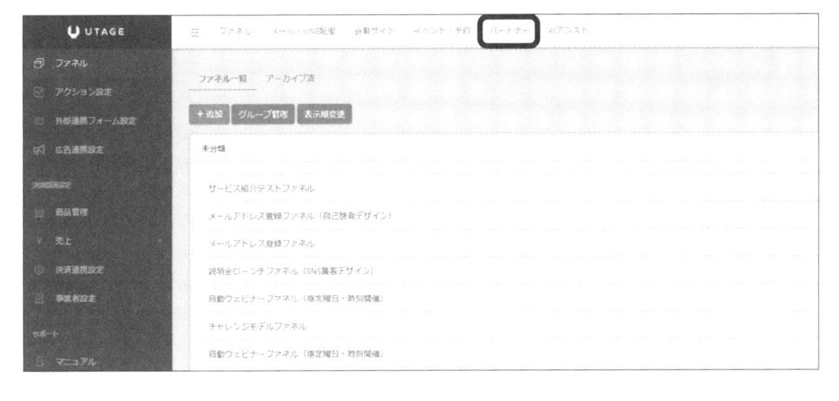

❷左メニューの「URL管理」を選択。

❸先ほど登録した「（グループ名）グループ登録URL」が確認できればOKです。

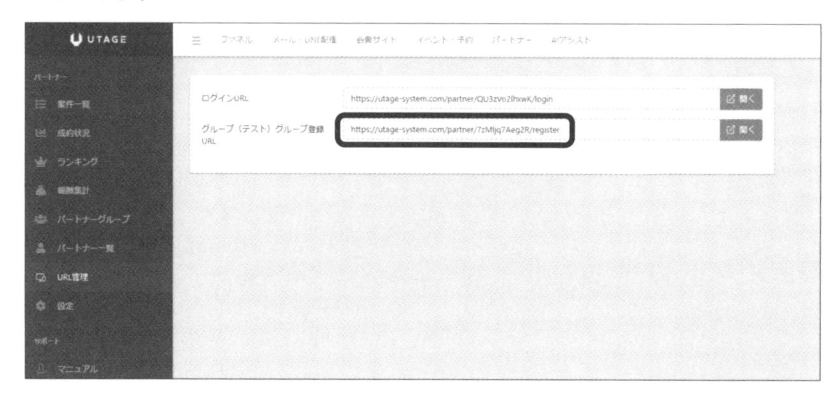

グループごとにURLができますので、紹介者ごとに登録URLを変えて登録してもらいます。

パートナーグループを削除する方法

作成したパートナーグループを削除する場合は、以下の操作を行います。

❶左メニューから「パートナーグループ」を選択する。

❷削除したいパートナーグループを選択したら、右端にある「⋮」（三点リーダー）をクリックして、「削除」を選ぶ。
「削除します。よろしいですか？」と表示されるので、「OK」をクリックして削除完了です。

パートナーを登録する

パートナーグループの作成を終えると、パートナー（紹介者）を登録できるようになります。

先ほど生成された登録フォームのURLをパートナーに知らせて、フォームから登録するようにお願いしましょう。

❶左メニューの「URL管理」をクリックするとURLが表示されるので、パートナーに紹介して欲しいURLを伝えればOKです。

SECTION

6-03

UTAGE

パートナーサイトを設定しよう

パートナーサイトを設定することで、あなたに協力してくれる紹介者やアフィリエイターなどのパートナーが自分の活動状況について確認できる専用サイトを利用できます。

パートナーサイトとは？

パートナーサイトとは、案件の一覧や成約状況、報酬の履歴など、パートナーが自分の活動状況を確認できる自分専用のサイトのことです。

先ほど生成された登録フォームのURLを利用して、パートナー希望者に登録してもらうことで、パートナーはサイトにアクセスできるようになります。

初期設定をする

では、ここからパートナーに気持ちよくパートナーサイトを使ってもらうためにパートナーサイトの初期設定をいくつかの項目に分けて解説していきます。

●パートナーサイト名にわかりやすい名前をつけよう

❶上メニューから【パートナー】をクリックする。

❷左メニューにある「設定」を選択。

❸「パートナーサイト名」に、わかりやすい名前を入力します。（例：テスト案件）

❹画面左下の「保存」ボタンを押して、完了です。

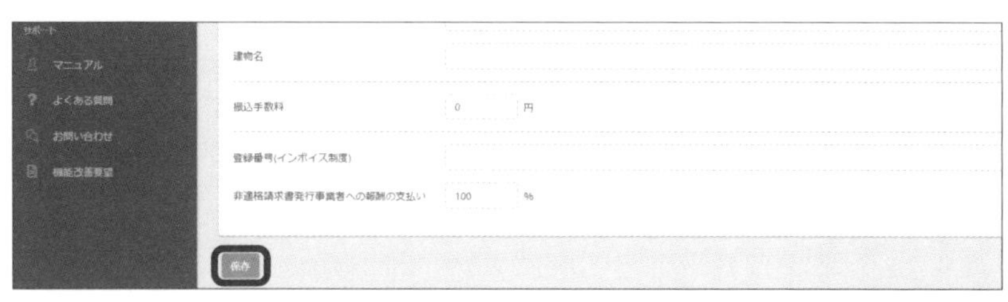

●成約通知メールのデフォルト設定を確認しよう

成約通知メールとは、パートナーが紹介した相手が購読・購入した際に、パートナーに送られるメールのことです。

UTAGEのデフォルト設定では、以下のようになっています。

- **「送信者名」**：パートナーサイト運営事務局
- **「送信者メールアドレス」**：UTAGE登録時のメールアドレス

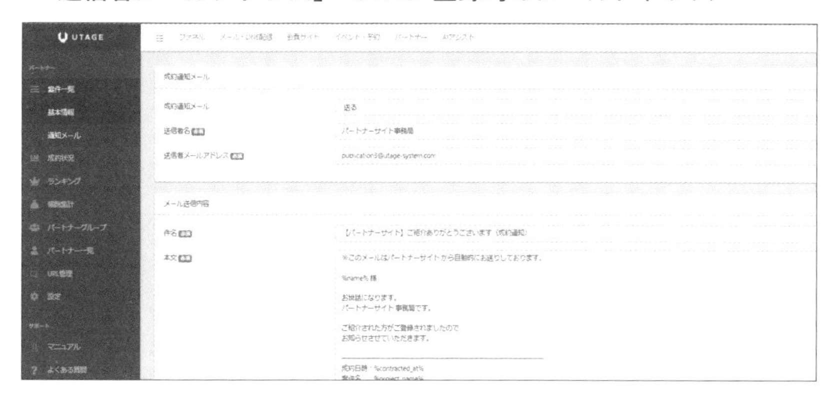

【利用規約を設定する】

UTAGEの利用規約に初期表示されているものは、あくまでも記入例です。そのため、自身で提供予定のアフィリエイトセンター（パートナー制度）の運用方針に応じて、利用規約文章を必ず編集するようにしてください。

利用規約文章の更新方法は以下となります。

❶UTAGE管理画面上部の【パートナー】を選択する。

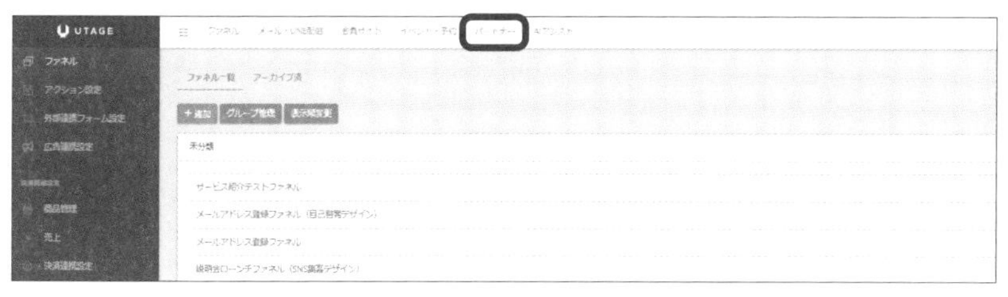

❷左側のメニューから「設定」をクリック。

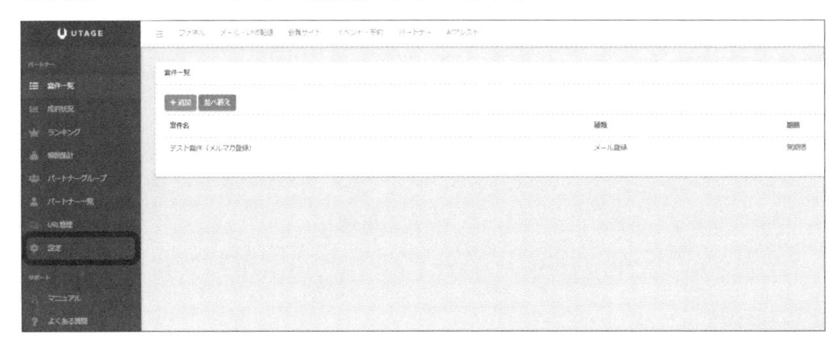

❸「利用規約」の内容を編集して、「保存」を押せば完了です。

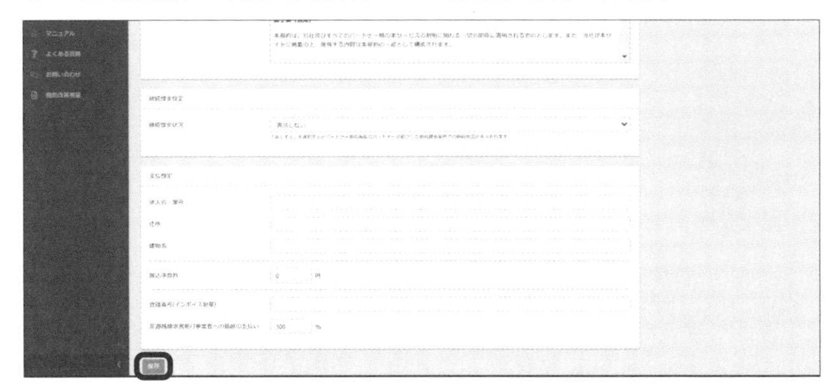

パートナー側でパートナーサイトへログインし、右上にある「利用規約」をクリックすると規約内容を確認できます。

【継続課金の設定をする】

継続課金案件の「継続課金状況」や「表示期間」の設定は以下のように行います。

❶継続課金状況で「表示する」か「表示しない」を選択する。

「表示する」を選択するとパートナー側の画面にパートナーが紹介した継続課金案件での継続状況が表示されます。

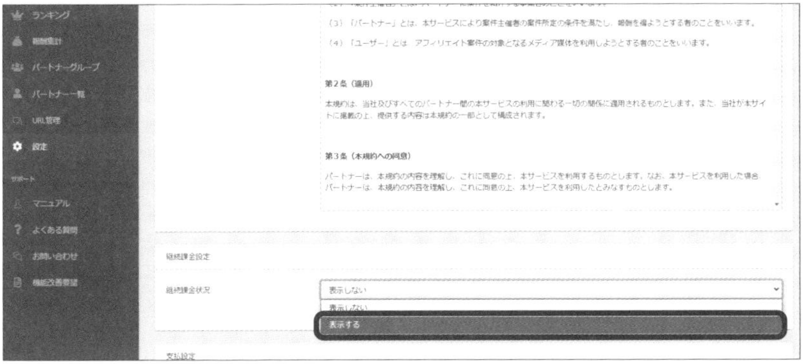

❷表示期間で「全て表示」か「期間を指定する」を選択して、「保存」を押して完了。

「期間を指定する」を選択すると、指定日以降に登録された継続課金のみが表示されます。

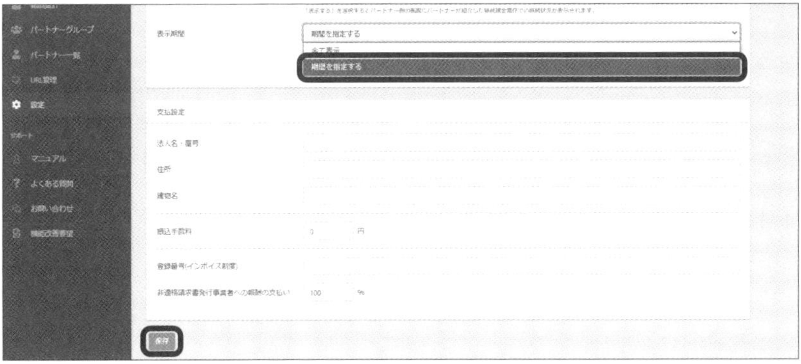

【支払設定を行う】

支払通知書、支払明細書に表示される事業者情報を設定します。

パートナー報酬の支払い処理を行った場合、適格請求書の形式に対応した支払通知書、支払明細書が自動で作成されます（過去の支払い分は作成されません）。

自動作成された支払通知書、支払明細書の確認方法は以下です。

❶上部のメニューから【パートナー】を選択する。

❷左のメニューから「報酬集計」を選択。

❸パートナーを選択して、「支払通知書」か「支払明細書」をクリックして確認する。
（支払通知書、支払明細書はパートナー側の画面の報酬履歴から確認することも可能です）

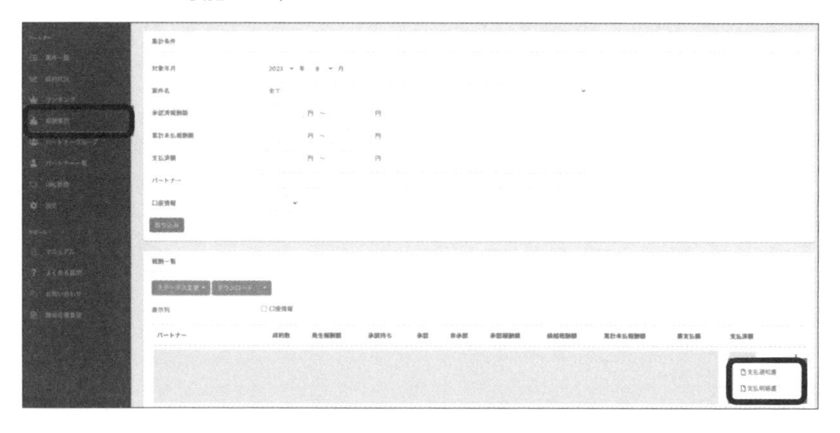

成約通知メールの内容を変更する

成約通知メールの内容をパートナーのモチベーションが上がりやすい文章にすることで、さらにパートナーが紹介活動をしてくれるようになります。

できれば、デフォルトで設定されている内容を変更して紹介数を増やす工夫をしましょう。

成約通知メールは「送信する/しない」の設定も可能です。また、パートナー側も「受信する/しない」の設定ができます。

こちらで成約通知メールを「送信しない」としていた場合には、パートナー側が「受信する」にしていても送信されません。

●通知メールの内容変更方法

デフォルト設定を変更する場合は、以下の手順を踏みます。

❶上メニューの【パートナー】をクリックする。

❷「案件一覧」の「⋮」をクリックして、「通知メール」を選択。

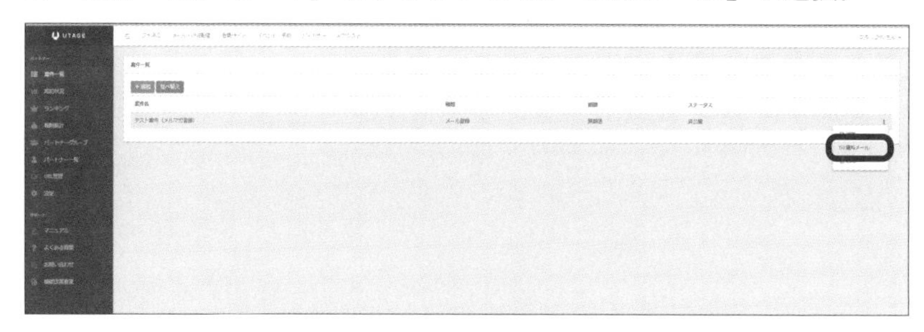

❸各項目の設定変更をして、「保存」をクリックすれば完了です。

- **成約通知メール：**パートナーに成約通知を「送る」「送らない」を設定できます。

※「送らない」とした場合、パートナー側が「受信する」にしていても通知は送信されません。

- **送信者名：**送信者名を変更できます。
- **送信者メールアドレス：**送信者メールアドレスを変更できます。
- **件名：**成約通知メールの件名を変更できます。
  例えば、「おめでとうございます」「紹介された方が登録されました」など、紹介者が嬉しい言葉に変更しましょう。
- **本文：**本文の内容を変更できます。
  本文には、紹介者へ「おめでとうございます」など祝福の言葉、「紹介いただきありがとうございます」など感謝の言葉を入れて、紹介者が気持ちよく今後も紹介したくなるように変えておきましょう。

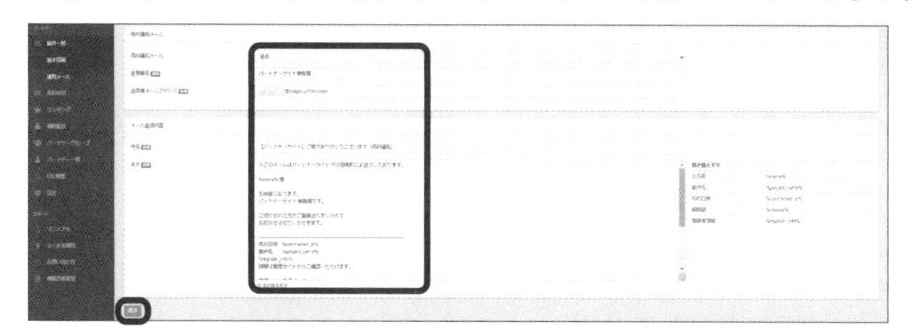

SECTION

6-04 UTAGE

案件を追加しよう

UTAGEではパートナーに紹介してもらうための3種類の案件があります。商品・メール・LINE購読です。案件の概要や設定方法について解説していきます。

案件とは？

UTAGEにおける案件とは、パートナーに紹介してもらう商品やメール、LINE購読などの成約報酬が設定されたものを指します。

商品は【ファネル】の「商品管理」にある中から、メール・LINE購読は【メール・LINE配信】の「シナリオ管理」から選ぶことができます。

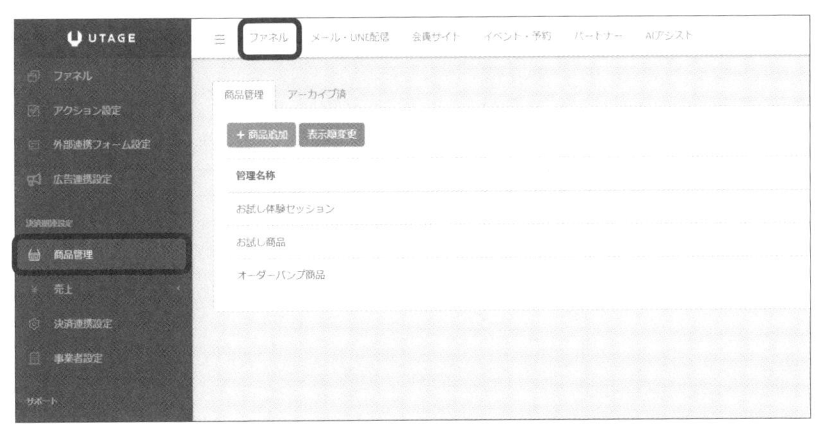

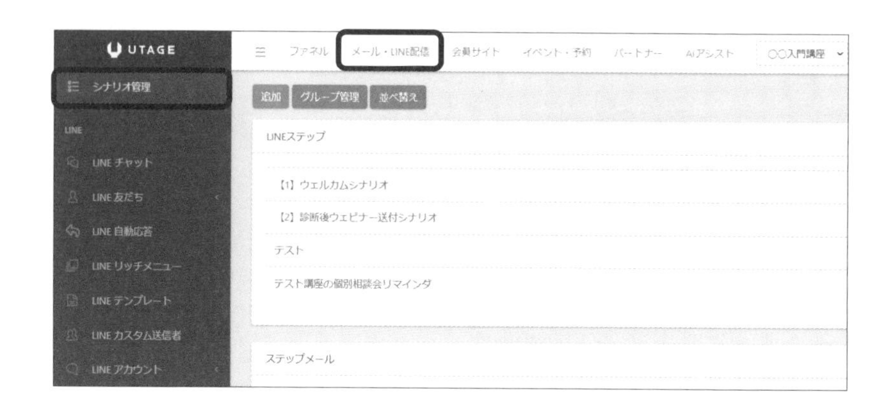

（案件の成約承認は「自動/手動」から選択することができ、パートナーサイト内の「案件一覧」に「公開する/しない」の設定も可能です。）

よくある案件の種類

案件は以下の3つの種類があります。

- **メール登録案件：**紹介リンク経由でメール購読の登録がされると、連携シナリオの「読者一覧」に自動登録されます。
- **LINE登録案件：**紹介リンク経由で友だちの登録がされると、連携シナリオの「読者一覧」に自動登録されます。
- **商品購入案件：**紹介リンク経由で商品購入がされると、「売上一覧」に購入情報が追加されます。

案件を作る

ここからは、案件の作成方法について解説していきます。

とその前に、案件を作る際に注意していただきたいことがあります。
案件を追加する時には、必ず1パートナー案件につき1商品または1

シナリオとしてください。なぜなら、複数の紹介案件で同一商品、同一シナリオを指定してしまうと、成約が正しく計上されないからです。

※案件追加時の設定で、種類を「メール登録」「LINE登録」とした場合、同一シナリオを指定して、同一ファネル内でメールアドレス登録→LINE登録でそれぞれ成約判定をさせることは仕様上できません。（最初にメールアドレスを登録した時点でシナリオ登録がされるため）

案件の基本情報を埋める

では以下の手順で案件を作っていきましょう。

❶上メニューから【パートナー】をクリックする。

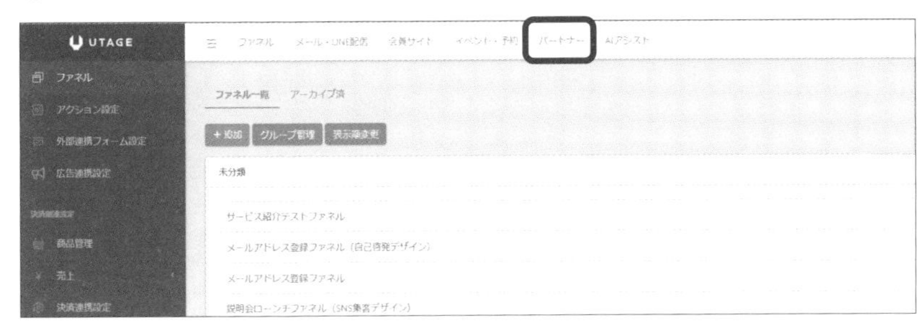

❷左メニューで「案件一覧」のウィンドウが開かれるので、「案件一覧」の項目にある「＋追加」を押す。

❸「案件基本情報」ウィンドウで以下の項目に入力する。

①**案件名：**案件名を入力します。（例：テスト案件）

②**画像：**ロゴ画像がある場合などに利用します。

※画像を設定しなかった場合は、デフォルトの画像が適用されます。

③**種類：**「メール登録」「LINE登録」「商品購入」から選びます。

④**シナリオ**

・**メール・LINE登録の場合：**購読者を増やしたいシナリオを選択。

・**商品購入の場合：**購入者を増やしたい商品を選択。

⑤**紹介特典：**「利用可」「利用不可」から選ぶ。

利用可にした場合は、紹介者であるパートナー自身が紹介した人に対して特典をつけることが可能になります。複数の紹介者がいる場合、パートナーが自分から登録・購入してもらったほうが得であることをアピールできる機能になります。利用可にしておき、利用するかどうかは、パートナーに判断してもらうとよいでしょう。

⑥**期間：**「無期限」「指定した期間」より選択。

⑦**LP：**④で設定した該当シナリオ/商品のランディングページURLを貼り付けます。

※シナリオ/商品が一致しないと成約情報が反映されません。

⑧**説明文：**案件に関する説明や紹介する際の注意事項などを入力します。

紹介者が紹介しやすいように、案件のアピール文章を予めつくっておき、コピペできるようにしてあげるとよいでしょう。

⑨**承認：**「自動承認」「手動承認」から選びます。

⑩**有効/無効：**「有効」「無効」から選択。

※「無効」にすると、成約しても「成約状況」一覧などに表示され

ません。

⑪**サイトへの公開：**パートナーサイトに公開するか非公開にするかを選びます。

「限定公開（指定グループ登録者のみ）」で、指定したグループにのみ案件を公開することも可能。

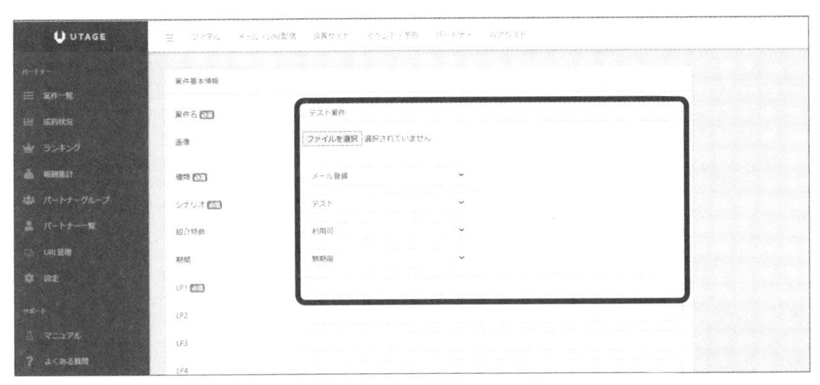

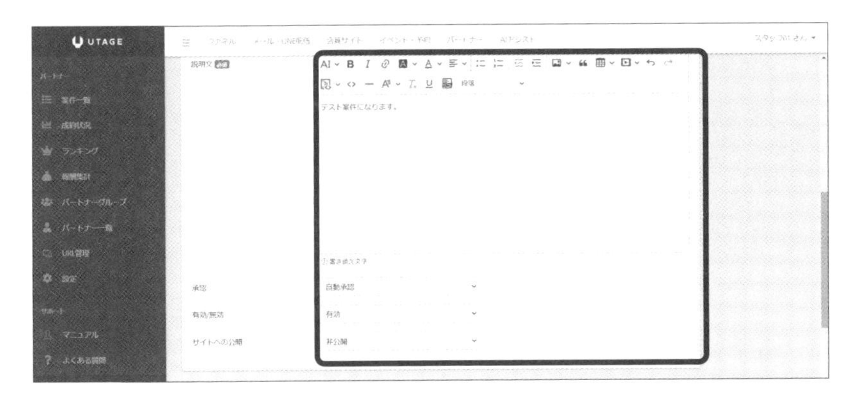

❹「報酬」ウィンドウで報酬の設定を行い「保存」ボタンを押す。

⑫**通常報酬：**成約した際の報酬価格。

⑬**特別報酬：**【追加】をクリックすると、特定のグループ用の特別報酬を設定することができます。

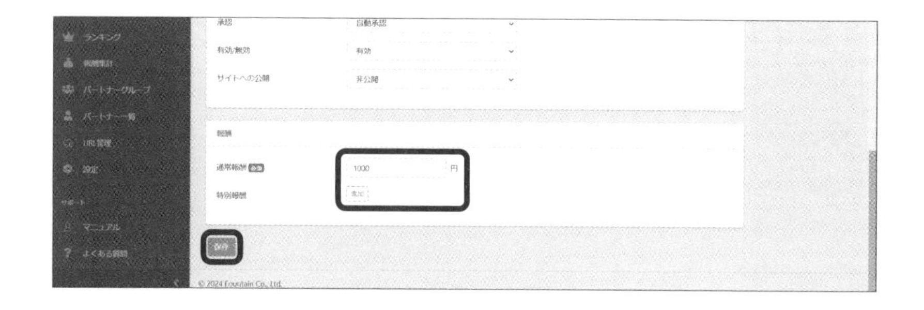

なお、報酬金額は高い金額が適用されます。

例えば以下の画像のように通常報酬が「1,000円」、特別報酬が「グループ（テスト）、2,000円」の場合、グループ（テスト）のパートナーの成約報酬は「2,000円」となります。）

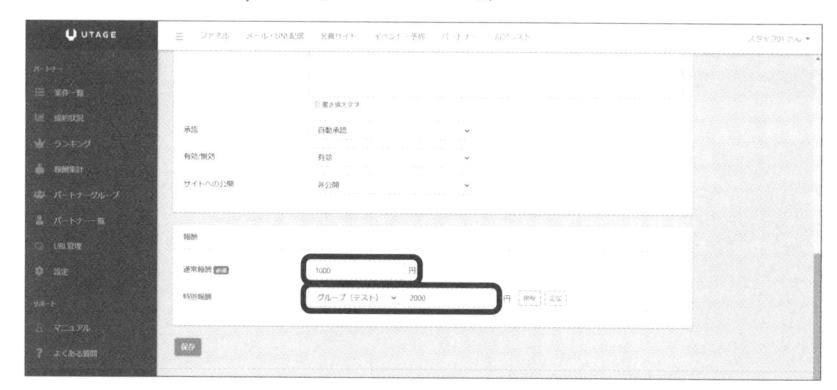

❺「追加しました」のメッセージが表示され、「案件一覧」に表示されたら完了です。

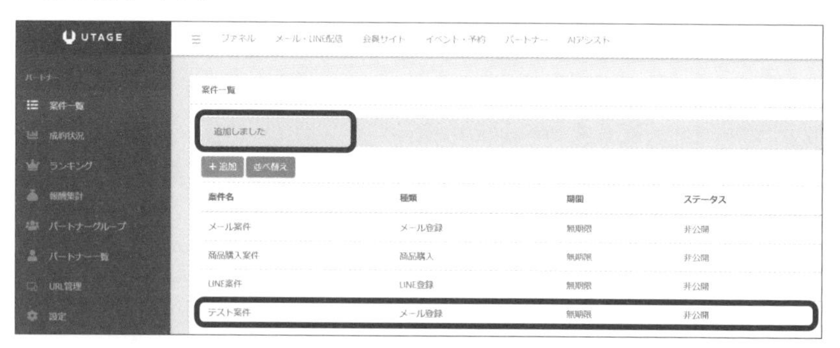

おわりに

UTAGEに出会ってわずか１年で優秀なクライアントさんに数多くめぐり逢い、クライアントさんたちもUTAGEを使って1,000万、2,000万、と楽々結果を出して「トクタケさんと出会って本当に良かった」と喜んで頂いている状況は、１年前には想像もつきませんでした。

その結果もあって、UTAGEを作っている代表のイズミユウ氏から公式にクリスタルトロフィーを受賞いたしました。

私が伝えたいのは、「UTAGEには無限の可能性がある」ということです。UTAGEは有料ツールです。約２万円です。まだあまり売り上げてない方には確かに安くはない金額です。

ただ、私の周りで無形サービスを売っている数千万円〜億超えしている起業家さんの中でUTAGEを使っていない人はいないくらい、マーケティングツールの王道になりつつあります。

月商７桁、８桁を安定して売上げてる人の中で、広告を使ってない人はいないのと同じで、ちゃんとした売上を一発屋ではなく、安定的に上げたいならUTAGEは必須ツールです。いくら売上が少ないからといってスマホ代をケチる人はいませんよね。皆さん、それと同じくらい当たり前の経費として捉えています。

「まだ自分には早いかも」と誰もが最初、そう思います。だから逆にチャンスなんです。

まだと思っているライバルを尻目にあなたはロケットスタートをしてください。

この書籍をご覧になっているあなたなら気がついているはずですが、

ビジネスで大事なことは、質よりもスピードです。

「完璧を目指すよりまず終わらせろ。」byマーク・ザッカーバーグ（FacebookCEO）
「スピードこそが企業にとって最も重要になる。」byビルゲイツ（マイクロソフト創業者）

世界中のトップビジネスマンがこぞって大事にしているのものがスピードです。
UTAGEなら後発者でもいきなり周りを抜いてトップスピードが出せます。

そしてあなたも最速最短で自分のビジネスを軌道に乗せて、まだ届いてない未来の見込み客にあなたの商品を届けてあげてください。
読者特典では、あなたが最速最短で結果が出せるように書籍では触れることができなかった具体的な方法を公開しています。

UTAGEを使うことになにか踏ん切りがつかない、そんなときは何かを手放してみてください。
私は以前、生徒6500名のクラシックバレエ教室を６店舗、経営していました。しかしUTAGEに出会い、UTAGEコンサルとして１本でやっていこうと決めて、教室ビジネスを手放し人に譲りました。
そのおかげで今の現実が手に入りました。

バレエ教室は手放す前は、自分の給料をいただく飯の種で、手放すことに恐怖がありました。
しかし、人生は短い。元気なうちにもっと別の体験を自分の人生にさせてやろうと決めて決断しました。
実はUTAGE習得にも600万円以上のお金を払って色々と学びました。

売上が低迷している中、600万は死ぬほど苦しかったです。

でもこうして私は生きています。手放すと手に入る、怖いけど本当です。

ぜひあなたも２万円の恐怖を乗り越えて売れる起業家の仲間入りをいち早く済ませてください。

あなたの商品が世にもっと出て、それを使って幸せな人が増える社会になることを祈っています。

最後に、UTAGEを開発してくれたイズミさん、いつも丁寧な回答をいただけるUTAGEスタッフの皆様、今回の出版チャンスを頂いた山田稔さん、細かい修正・校正を最後までしていただいた西田かおりさん、同シリーズ著者で心の支えになった金城有紀さん、カー亜樹さん、この場を借りて御礼申し上げます。

徳武 輝彦

著者紹介

徳武 輝彦（とくたけ てるひこ）

株式会社バレエライフデザイン 代表
ワンウェビナーファネル®開発者
UTAGE認定アワード受賞
UTAGE構築／ウェビナーファネル集客コンサルタント

・通販業界でLPデザイナー、コピーライターとして10年以上活動、100を超えるLP制作とメルマガ制作
・NLPスクール、ダイエット協会、筆跡心理学など10事業以上展開
・累計150社以上にマーケティング仕組み化支援
・6500名以上の受講生を獲得、当時、日本一取材を受けたバレエスクールを作り売却

【クライアントの実績】
・広告費14万円で970万売り上げたスピ講師
・相場50万円に対し168万円でも売れるようになった婚活コーチ
・元々55万円のサービスを165万円でも売れるようになったインスタ塾の先生
・1回のプロモで過去最高、単月2200万以上売れたエアコンフランチャイズ本部
・1回のプロモで1200万以上売れたフリーランス向け起業コンサル
・1回のプロモで1000万以上売れた資産構築の先生　etc

UTAGEで1本の60分ウェビナーでリスト教育し価値を最大限引き上げ、セールスの手間を極力省くファネルづくりを得意としている。

編集協力●西田かおり、山田稔

UTAGE実践マニュアル　ファネル編

2025年1月30日　初版第一刷発行

著　者　徳武 輝彦
発行者　宮下 晴樹
発　行　つた書房株式会社
〒101-0025　東京都千代田区神田佐久間町3-21-5　ヒガシカンダビル3F
TEL. 03（6868）4254
発　売　株式会社三省堂書店/創英社
〒101-0051　東京都千代田区神田神保町1-1
TEL. 03（3291）2295
印刷／製本　株式会社丸井工文社

ISBN978-4-905084-84-6